土木工程科技创新与发展研究前沿丛书

大跨建筑非线性结构形态研究

孙明宇　刘德明　著

中国建筑工业出版社

图书在版编目（CIP）数据

大跨建筑非线性结构形态研究 / 孙明宇，刘德明著
. — 北京：中国建筑工业出版社，2022.11
（土木工程科技创新与发展研究前沿丛书）
ISBN 978-7-112-27622-6

Ⅰ. ①大… Ⅱ. ①孙… ②刘… Ⅲ. ①建筑结构-大
跨度结构-研究 Ⅳ. ①TU399

中国版本图书馆 CIP 数据核字（2022）第 126357 号

本书依托国家自然科学基金项目（51808471）和中央高校基本科研业务费
专项资金资助（20720220079），关注于数字技术背景下的非线性建筑结构形态
的问题、理论及创新途径。

本书从复杂性科学与结构形态学研究的学科源头出发，探寻数字化设计下
大跨建筑非线性结构形态设计的本质和方法，提炼出大跨建筑非线性结构形态
系统的三个层次，以及各层次的具体要素，并通过复杂性思维、数字技术协同
与建筑设计伦理三个层面的深层关联建构非线性结构形态系统理论框架。其理
论框架适用于更广泛的性能化、智能化的系统对象，具有一定的前沿性。本书
后半部分提出大跨建筑非线性结构形态的单元繁衍、材料拓扑、参数逆吊三种
非线性结构形态生成策略，为非线性结构形态的创新提供全新的视阈及可操作
的设计方法，对未来将以性能化为目标的大跨建筑设计实践具有可借鉴的应用
价值。

本书可供从事建筑领域的同行借鉴和参考，也可作为建筑学、土木工程等
相关专业的教学和科研参考书。

责任编辑：吉万旺　董苏华　赵　莉
文字编辑：勾淑婷
责任校对：刘梦然

土木工程科技创新与发展研究前沿丛书
大跨建筑非线性结构形态研究
孙明宇　刘德明　著
*
中国建筑工业出版社出版、发行（北京海淀三里河路 9 号）
各地新华书店、建筑书店经销
北京鸿文瀚海文化传媒有限公司制版
北京建筑工业印刷厂印刷
*
开本：787 毫米×960 毫米　1/16　印张：14¼　字数：285 千字
2022 年 9 月第一版　　2022 年 9 月第一次印刷
定价：**42.00** 元
ISBN 978-7-112-27622-6
（39812）

▪ 前　言 ▪

20世纪90年代后，我们面临着来自日新月异的数字技术、日趋复杂的空间概念与日渐更迭的建筑设计范式的共同挑战。数字技术的深入应用使大跨建筑形象异彩纷呈的同时，也在促进着结构形态越来越丰富的发展，并反过来为建筑形象的创新提供更大的支持。虽不乏优秀实例，但也出现了不良现象，如不惜违背基本结构原则而盲目追求夸张炫目的建筑形象。因此，面对非线性大跨建筑创作需求和结构形态设计脱节的现实矛盾，针对数字技术下非线性结构形态的设计理论与生成策略的研究显得十分必要和迫切。本书从结构形态学的理论源头出发，引入复杂性科学及方法，搭建本书研究基础，并提出大跨建筑非线性结构形态理论框架及设计策略，以期指导以高效、生态与美观相融合为目标的数字化大跨建筑理论研究与创作实践。

第一，本书对大跨建筑非线性结构形态的特质进行解析。大跨建筑是技术要求高、影响范围广、多学科综合性强的建筑类别之一，其建筑形态、结构形态和空间形态的关系极为紧密。其中，结构形态是承载美学表达和功能空间的物质实体，亦是最复杂的技术集成体，是大跨建筑设计的核心对象。本书从结构形态学出发，揭示结构"形"与"态"之间的非线性关系，提出混沌外显的结构形式实则是有序本质最大限度深化呈现的基本论点。进而，分别将结构"形"与"态"的概念扩展为几何、材料、构型与结构性能、空间性能、美学性能六个要素，并依次讨论各个要素对大跨建筑非线性结构形态创新的积极作用。

第二，将复杂性科学与大跨建筑设计进行深度关联，构建大跨建筑非线性结构形态的理论框架，并提出大跨建筑非线性结构形态生成的三个策略。首先，通过对复杂性科学的深层解析建立复杂系统与非线性结构形态系统的本质关联。接下来，在康德三个哲学问题的启发下，对大跨建筑设计思维、设计技术与设计伦理三个层面进行深层关联。其中，第一个层面是运用复杂性思维建立结构形式、建筑性能与环境之间自下而上的层次性以及非线性结构形态系统要素的整合关系，同时揭示出"人的意识的参与"是建筑非线性的真正来源；第二个层面从虚拟与现实的转译及建筑设计、加工、建造的无缝连接两条线索，讨论建筑设计手段的数字化协同，揭示数字技术是建筑非线性的技术根源；第三个层面是对设计伦理的反思，提出人类对于大跨建筑设计至善至美的追求，从目标上导向大跨建筑创作。进而，结合复杂系统生命中的生长、进化和维生三个阶段，提出大跨建筑非线性结构形态系统的涌现生成、遗传进化和适应维生三种生成途径。

第三，以大跨建筑非线性结构形态系统的生长、演化及维生三个阶段的理论与方法为导向，展开对大跨建筑非线性结构形态生成策略的讨论。首先，结合系统涌现论及方法，提出非线性结构形态生成的单元繁衍策略，得出非线性结构形态涌现的生成条件与生成机制，并围绕结构原型的空间延伸与网格原型的几何异规进行图解式分析。进而，结合系统进化论及方法，提出非线性结构形态生成的材料拓扑策略，并按照结构优化介入的不同阶段，从结构高度优化、结构实体拓扑及结构仿生拟态三个层次讨论结构优化技术对建筑形态创新的指导性意义。最后，结合系统维生论与方法，提出非线性结构形态的参数逆吊策略，以挖掘环境因素对结构形态的塑形潜力，通过对经典物理逆吊法的重新演绎，建构建筑与环境因素和结构形态之间的参数化模型（BSGLM 模型），并通过环境适应性调控生成丰富多样的非线性结构形态。

针对大跨建筑非线性结构形态的研究具有理论和实践的双重意义。本书为新时期下我国大跨建筑设计理论及非线性结构形态系统构建提供了科学可靠的设计方法及客观系统的参照体系。对于拓展大跨建筑设计的创新视阈，推进大跨建筑设计高效、生态、美观的发展具有重要的现实意义。

感谢国家自然科学基金项目（51808471）、中央高校基本科研业务费专项资金资助（20720220079）对本书出版的资助。感谢哈尔滨工业大学武岳教授、李玲玲教授、罗鹏教授、卫大可教授、史立刚教授、董宇副教授在本书写作过程中给予的宝贵建议。感谢孙澄教授、刘大平教授、刘松茯教授、金虹教授、赵天宇教授、程文教授在论文审阅及答辩过程中提出的肯定与意见。感谢中国建筑工业出版社董苏华老师、吉万旺老师对本书出版所作的贡献。感谢勾淑婷老师对本书的编辑工作。感谢厦门大学建筑与土木工程学院贺晓旭同学、龚天鑫同学、苏琬琦同学对本书的整理与校对工作。

目 录

第0章 绪论 ……………………………………………………………… 1

0.1 本书研究的背景及来源 ……………………………………… 1

0.1.1 数字化时代下建筑设计范式的更迭 ……………… 1

0.1.2 复杂建筑与结构理论的整合需求 ………………… 5

0.1.3 我国大型公共建筑工程的发展困境 ……………… 7

0.2 研究目的和意义 ……………………………………………… 10

0.2.1 研究目的 ………………………………………… 10

0.2.2 研究意义 ………………………………………… 11

0.3 相关研究概况 ………………………………………………… 12

0.3.1 关于数字化建筑设计的研究成果与现状 ………… 12

0.3.2 关于空间结构形态的研究成果与现状 …………… 16

0.4 研究内容与方法 ……………………………………………… 21

0.4.1 概念界定 ………………………………………… 21

0.4.2 研究方法 ………………………………………… 22

0.4.3 研究内容 ………………………………………… 24

0.4.4 研究框架 ………………………………………… 26

0.5 参考文献 ……………………………………………………… 27

0.6 图片来源 ……………………………………………………… 27

0.7 表格来源 ……………………………………………………… 28

第1章 大跨建筑非线性结构形态的特质解析 ……………………… 29

1.1 大跨建筑及其结构形态的特质解析 ………………………… 29

1.1.1 大跨建筑设计的特点与目标 ……………………… 29

1.1.2 结构形态之核心角色解析 ………………………… 32

1.2 "形"与"态"关系的演变 …………………………………… 35

1.2.1 结构形态学的局限 ………………………………… 35

1.2.2 非线性关系的逻辑 ………………………………… 37

1.3 "形"的扩展 …………………………………………………… 38

1.3.1 从欧氏几何到高级几何 …………………………… 38

1.3.2 从传统材料到复合材料 …………………………… 44

1.3.3 从手工建造到数字构型 …………………………… 47

1.4 "态"的扩展 …………………………………………………… 51

1.4.1 更高效的结构性能 ………………………………… 52

     1.4.2　更舒适的空间性能 ·· 54

     1.4.3　更丰富的美学性能 ·· 61

  1.5　本章小结 ··· 65

  1.6　参考文献 ··· 66

  1.7　图片来源 ··· 67

第2章　基于复杂性科学的非线性结构形态理论建构 ·············· 69

  2.1　复杂性科学与大跨建筑设计的关联建构 ··························· 69

     2.1.1　复杂性科学的深层解析 ··· 69

     2.1.2　复杂性科学引发的哲学思考 ·· 73

     2.1.3　复杂系统与非线性结构形态系统的本质关联 ················· 74

  2.2　复杂性科学启发下非线性结构形态设计框架建构 ·············· 77

     2.2.1　设计思维的复杂整合 ·· 77

     2.2.2　设计手段的数字协同 ·· 84

     2.2.3　设计伦理的至善至美 ·· 94

     2.2.4　非线性结构形态的理论框架 ······································· 101

  2.3　非线性结构形态系统的三种生成途径 ····························· 102

     2.3.1　非线性结构形态系统的生长途径 ································· 103

     2.3.2　非线性结构形态系统的演化途径 ································· 105

     2.3.3　非线性结构形态系统的维生途径 ································· 107

  2.4　本章小结 ··· 110

  2.5　参考文献 ··· 110

  2.6　图片来源 ··· 112

第3章　基于涌现生成的单元繁衍 ····································· 114

  3.1　结构单元繁衍的原理 ··· 114

     3.1.1　结构涌现条件 ·· 115

     3.1.2　结构生成主体 ·· 118

     3.1.3　结构生成逻辑 ·· 121

  3.2　结构原型的空间生长 ··· 124

     3.2.1　力学结构单元的繁衍 ·· 124

     3.2.2　构造结构单元的繁衍 ·· 130

     3.2.3　生物结构单元的繁衍 ·· 136

  3.3　网格原型的几何异规 ··· 139

     3.3.1　网格的变换 ··· 140

     3.3.2　网格的分形 ··· 143

     3.3.3　网格的镶嵌 ··· 149

  3.4　本章小结 ··· 152

3.5　参考文献 ……………………………………………………… 152
3.6　图片来源 ……………………………………………………… 153
第4章　基于遗传进化的材料拓扑 ………………………………… 156
  4.1　结构的高度优化 …………………………………………… 157
    4.1.1　网格结构的节点优化 ……………………………… 157
    4.1.2　曲面结构的形体优化 ……………………………… 161
  4.2　结构的实体拓扑 …………………………………………… 166
    4.2.1　简单结构的拓扑生形 ……………………………… 167
    4.2.2　复杂结构的拓扑生形 ……………………………… 170
    4.2.3　自由形态的数字生形 ……………………………… 173
  4.3　结构的仿生拟态 …………………………………………… 176
    4.3.1　桁模混合 …………………………………………… 176
    4.3.2　性能化装饰 ………………………………………… 179
    4.3.3　纤维仿生 …………………………………………… 182
  4.4　本章小结 …………………………………………………… 186
  4.5　参考文献 …………………………………………………… 187
  4.6　图片来源 …………………………………………………… 188
第5章　基于适应维生的参数逆吊 ………………………………… 190
  5.1　逆吊找形法的原理提取 …………………………………… 191
    5.1.1　早期的物理逆吊法 ………………………………… 191
    5.1.2　发展的数值逆吊法 ………………………………… 193
    5.1.3　参数逆吊法的提出 ………………………………… 196
  5.2　参数逆吊法实验建构 ……………………………………… 197
    5.2.1　平台选择 …………………………………………… 197
    5.2.2　模型原理建构 ……………………………………… 198
    5.2.3　BSGLM 模型及参数 ……………………………… 198
    5.2.4　方法验证 …………………………………………… 200
  5.3　环境适应性调控 …………………………………………… 202
    5.3.1　基于空间制约的形态调控 ………………………… 202
    5.3.2　基于物理舒适的形态调控 ………………………… 205
    5.3.3　基于美学需求的形态调控 ………………………… 210
  5.4　本章小结 …………………………………………………… 215
  5.5　参考文献 …………………………………………………… 215
  5.6　图片来源 …………………………………………………… 216
结　论 ………………………………………………………………… 218

第 0 章

绪 论

0.1 本书研究的背景及来源

随着工业化进程的不断推进，数字技术极大地改写了建筑历史，使建筑领域发生了翻天覆地的变化。与此同时，"复杂性"分别从科学与哲学两个维度改变着人们对于建筑学的认知，于是人们开始推崇打破现代主义壁垒的非线性建筑。无论是出于对新奇的渴望，抑或是先锋建筑师的反叛，非线性建筑都是建筑历史上不可回避的发展阶段。非线性建筑正处在发展的初期，而它的演变将引领建筑学走向建筑科技化、建筑智能化的未来。

在所有建筑类型中，大跨建筑是技术要求高、影响范围广、多学科综合性强的类别之一，而优秀的大跨建筑作品常常是一个时代建筑艺术与技术水平的历史定格。随着数字化建筑技术的发展，大跨建筑创新面临巨大的时代机遇与前所未有的现实挑战。欲知其道，先解其源。因此，本书分别从数字化时代下建筑设计范式的更迭、复杂建筑与结构理论的整合需求及我国大型公共建筑工程发展困境三个维度分析大跨建筑所面临的问题。

0.1.1 数字化时代下建筑设计范式的更迭

1. 数字化造型带来建筑形式高度自由化

随着三维造型技术在建筑领域的开发应用，建筑师犹如打开一扇新的大门，设计的疆界得到扩展，自由化的建筑形式迅速蔓延。

自 20 世纪 60 年代以来数字技术不断更新，对建筑数字技术的发展有清晰的认识是走向建筑数字化的关键。1990 年，威廉·米歇尔（William J. Mitchell）教授基于 CAD 将 CAAD 发展划分为 5 个阶段[1]。2014 年，孙晓峰等在计算机技术飞跃式发展之后，提出 CAAD 的发展历程的 9 个阶段[2]（图 0-1）。可以看出，从二维图形化工具到 AutoCAD 平台，再到 BIM（建筑信息模型）及 Rhino 等自下而上的三维模拟及参数化设计工具等，数字化设计工具从最初的计算机辅助设计系统转向参数化设计与算法设计，从而发生了巨大角色转换。

参数化设计与算法设计工具的应用为建筑实践提供了很多新的可能性，并且在商业实践领域得到了飞速的发展。从 20 世纪 90 年代开始，在西方国家出现了

1

第九代：21世纪初参数化设计兴起

第八代：2002年起BIM思想被推广并应用

第七代：20世纪90年代末基于标准化材料美国住宅生成系统

第六代：20世纪90年代初CAD广泛应用于PC机并朝多样化发展

第五代：20世纪80年代CAD实现三维实体建模

第四代：20世纪80年代中叶CAD开始应用于PC机

第三代：20世纪80年代初"基丁规则"和"基丁框架"的专业系统方向

第二代：20世纪70年代受"设计方法运动"影响的"图形化系统"

第一代：1963年苏泽兰发明Sketchpad

1960　1970　1980　1990　2000　2010　2020

图 0-1　CAAD 9 个发展阶段

一批先锋派数字研究机构，如奥雅纳工程顾问有限公司（Arup）的"高级几何小组"（Advanced Geometry Unit）、盖里建筑事务所（Gehry Partners）的"盖里科技"（Gehry Technologies）、扎哈·哈迪德建筑事务所（Zaha Hadid Architects）的"编码"（CODE）、福斯特建筑事务所（Foster and Partners）的"建模专家组"（Specialist Modelling Group）等。在这里，数字运算能力发挥其在建筑设计领域的极大潜力，其中建筑师可以运用脚本编程的方式在 Maya、Catia、Rhino 等设计平台上创造无限想象的形式空间，同时创造出一批复杂形态建筑，如古根海姆博物馆（Guggenheim Museum）、广州歌剧院（Guangzhou Opera House）、伦敦奥运会水上运动中心（London Olympic Aquatics Center）、横滨国际轮渡中心（Yokohama International Ferry Center）、梅赛德斯-奔驰博物馆（Mercedes-Benz Museum）、台中大都会歌剧院（Taichung Metropolitan Opera House）等。

然而，数字化建模技术的发展极大地促成了新一轮"建筑形式主义"的发生。为了变化而变化，当这一切受到批评者的抨击之后，研究者们、建筑师们高举着"数字设计 2.0"的旗帜，寻找几何算法或哲学概念为形式正名，于是，再次掀起了追随"科学的形式主义"的浪潮。对于建筑而言，如若过分追求形式，势必会造成结构不可控与艺术灵感的忽视。不论是追求建筑理性抑或是追求浪漫自由，无论是追求形式主义抑或是追求科学内核，只有当我们抽离出来站在纵观历史的高度，才可以进行清楚、理性、有条理的思考。

当建筑造型实现了高度自由化的同时，我们应该反思"形式"的意义，并从结构逻辑、建造逻辑、建筑生态及建筑审美四个维度思考"形式自由化"背后的建筑内涵。第一，自由化的建筑形式是否可以保证建筑结构的稳定性，是否真实地反映建筑结构力学逻辑与构造逻辑；第二，丰富的建筑形式是否可以在现实加工与建造技术的基础上实现，是否可以达到较高的完成度；第三，夸张炫目的建筑形式是否迎合了建筑可持续发展的目标，是否背道而驰为生态化发展带来巨大负担；第四，复杂多样的建筑形式是否满足人们对于建筑的审美需求，是否带给人们费解、怪异与不安的情绪。我们所寻求的应该是如何通过建筑形式的自由化创作丰富和完善建筑设计的多维内涵。

2. 数字化建造引发自下而上的设计逻辑

技术是第一生产力，而工业化发展对建筑学创新具有核心驱动作用。2013年4月，在汉诺威工业博览会上，德国政府正式推出"工业4.0"战略，标志着以智能制造为主导的第四次工业革命已经到来。简单回顾一下工业化发展历程[3]（图0-2）：第一次工业革命（蒸汽技术革命）是从18世纪60年代延续到19世纪末，人类进入蒸汽时代并以蒸汽机为动力进行机械生产；第二次工业革命（电力技术革命）是从19世纪下半叶延续到20世纪初，人类进入电气时代，实现了大

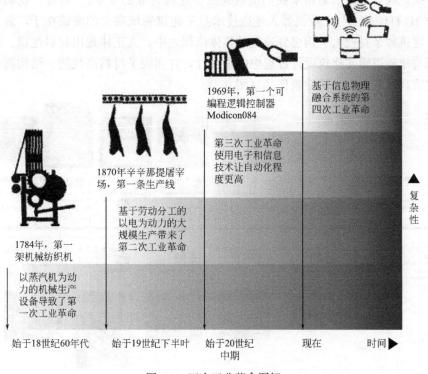

图 0-2　四次工业革命图解

规模生产的自动化；第三次工业革命（信息技术革命）是从 20 世纪中期延续到 20 世纪 70 年代，人类进入科技时代，实现了信息化与更高程度的自动化；第四次工业革命（全新技术革命），人类进入智能时代，将实现高度自动化、高度信息化、高度网络化。

每一次工业革命都预示着建筑行业的巨大转型。在传统手工业时代，建筑由工匠依靠手工及简单工具打造，成为建筑历史的积淀；到了大规模机械化生产时代，现代主义建筑油然而生；而随着数字化建造技术的发展，从数控 CNC 机床、3D 打印到工业机器人的应用，建筑设计新范式的产生已经成为一种必然。

无论是传统手工业时期还是大规模机械生产时期，过去的建筑设计是以还原论为主的构思方式，建筑师运用建筑材料与建筑手段将构想中的建筑建造出来；但是，数字化时期的建筑恰恰可以从最基本的材料和建造手段入手，来探索建筑形式，这是与过去完全不同的自下而上的思维方式。尼尔·里奇（Neil Leach）认为"数字化时代孕育的不仅是一种新风格，而是全新的设计手法……在这全新的领域里，形式变得毫不重要，我们应专注于更智能化和逻辑化的设计与建造流程，而逻辑便是新的形式[4]"。BIG 的联合创始人凯-乌韦·伯格曼（Kai-Uwe Bergmann）说："相比过去 50 年里机器人的创新速度，建筑自身的变化简直不值一提，我有理由认为将来我们能看到很多建筑行业的变革。"因此，我们可以认为 3D 打印技术与工业机器人建造技术对于建筑领域最大的突破在于，真正实现了建筑师亲身投入从构思到建造的整体流程之中，真正体现出材料逻辑、结构逻辑与建造逻辑在建筑设计过程中的重要性，并实现了材料高性能、结构高性能与建造高性能的高品质建筑作品（图 0-3）。

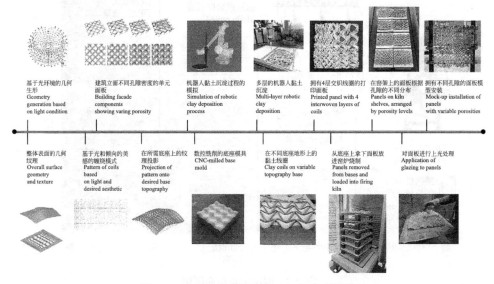

图 0-3　编制黏土项目的数字工作流程图解

第一，从材料逻辑出发，建筑师对于材料的应用已经从被动地接受形态向主动地生产形态发展。将材料性能在设计之初就纳入考虑的范围内，甚至针对不同建筑材料进行定制化工具研发。设计完成后，借助机器人建造平台，建筑师可以直接参与原型生产的过程。一切信息都将贯穿于前期的计算设计到后期的机器人建造项目的全过程中，这将使建筑师对整个从设计到建造的过程的掌控都达到更具挑战性的新高度。因此，设计公司的核心竞争力，将由传统建筑设计与工程咨询方面转向高性能建筑设计、新材料开发应用于智能化建筑研发等高新科技。强大的新材料和新工具的研发能力将在高性能建筑市场中成为独特而有力的竞争手段。

第二，从结构逻辑出发，建筑师挣脱现代主义束缚而将结构中形式与力学之间的存在方式进行重新演绎。奥古斯特·佩雷（Auguste Perret）曾说过："结构是建筑师的母语，建筑师是用结构思考和言说的诗人。"古建筑时期，建筑与结构是不可分割的整体；随着文艺复兴时期建筑与结构学科的分离，其二者逐渐分化，因而逐渐形成角色不同的建筑师与结构师，并朝着各自专业化和精细化方向发展，同时形成了专业之间的巴别塔；而随着数字化仿真技术以及设计加工建造一体化的技术发展，建筑师必须在设计过程中充分考虑结构力学规律以及对结构性能进行分析调控，因此，结构与建筑逐渐超越了此消彼长的二元对立关系，而在实际操作过程中趋向于一体。

第三，从建造逻辑出发，3D打印与工业机器人技术使高性能建筑的设计与建造成为一套真正连续完整的体系[5]。我国数字化建筑设计仍处于实验阶段，尽管已经建成了凤凰国际传媒中心，但是真正将数字化运用到一整套建筑设计与建造之中的案例还是非常有限的。尽管我们可以应用数字模拟技术进行建筑形态的性能化操作，但是当深入建造阶段时，仍需不断探索与实践。因此，要实现真正的数字化建筑，应从整个技术体系出发。

0.1.2　复杂建筑与结构理论的整合需求

"复杂性""非线性"等词汇频繁地出现在建筑理论及建筑实践的探索之中。这些充满活力的概念与理论，正是在思维想象力与数字技术相互碰撞之间所爆发出的巨大的灵感与创新维度。与此同时，复杂性科学的认识与发展引发了愈加强烈的建筑丰富化与结构复杂化的建筑走势，激发出如"非线性建筑[6]（nonlinear architecture）""新结构主义[7]（new structuralism）""结构建筑学[8]（archineering design）""结构性能化[9]（structural performance-based）""结构异规（informal）""结构生态学（structural ecologies）"等多种建筑理论研究。这些新兴的概念与理论为当下的建筑设计研究注入了新鲜的血液，对建筑发展具有巨大的推动作用。

其中，徐卫国教授在2011年的一篇文章中明确提出"非线性建筑世界观"，并认为其是新锐建筑师与传统建筑师最本质的区别。从表面上看，非线性建筑呈现出连续流动的建筑形体；从本质上看，自由的建筑形式是对建筑功能及环境条件进行分析的结果。相较于传统建筑，非线性建筑更加关注建筑所处的自然人文环境，同时也更加关注建筑使用者，并运用动态的视角将环境生态、建筑性能与使用者的活动进行连接。因此，非线性建筑理论主张将建筑塑造为同时满足环境适应及使用者需求的物质实体。

建筑与结构技术的重新聚合在实验性建筑中孕育出一种新的物质实践。由于结构逻辑在建筑设计中的地位得到新的关注，因此，引发了一场对于"新结构主义"的探讨。新结构主义这个重要概念是通过物质化技术与建造技术的应用，对空间、结构和材料之间综合逻辑的涌现，从而生成高度动态的综合体。这一理论的提出将结构理论推向了一个新的高潮，相较于传统结构理念更加突出结构逻辑在建筑设计过程中的重要性，强化了技术与艺术融合的新思潮。这种新理念对建筑教育、理论研究与工程实践综合地产生了有益的更大范围的影响作用。

与"新结构主义"概念相类似的还有"结构建筑学"概念。斋藤公男（Masao Saitoh，1938 年至今）指出"结构建筑学"的核心意义是提供了阅读建筑的新视角。与新结构主义不同的是，结构建筑学更加强调建筑师与结构工程师两者之间的合作关系，强调结构工程师应在整个设计的第一阶段介入设计流程之中，结构工程师的创造力将从严谨理性的力学计算之中跳跃出来变为无限的结构想象力，而建筑师与结构工程师之间可以擦出美丽的火花。建筑师与结构工程师之间的积极沟通、精诚协作将促成技术与艺术高度相融的优秀作品。

"结构性能化"的理论同样强调建筑设计对结构性能方面的重视，但其侧重点偏向于从建筑师的角度出发进行较为独立的结构性能化思考与设计。从数字化模拟仿真计算的全新技术支撑，建筑师不再被动地依赖结构工程师的计算、验证与评估，而可以在数字化平台对结构性能分析进行直观的调控。在结构性能化理论基础上，建筑师可以借助结构性能分析工具，在模型中整合建筑空间与结构性能之间的关系。进而，结构性能化设计所提供的新的设计工具和方法为建筑师的建筑实践引出了新的方向。

尽管建筑师对结构逻辑与性能提出了新的关注高度，然而，建筑师由于缺乏基本的结构概念与结构经验，其对结构形态的创新仍然需依靠结构工程师的判断。目前最著名的结构工程师当属奥雅纳工程顾问有限公司的塞西尔·巴尔蒙德（Cecil Balmond），其配合先锋建筑师——本·范·伯克尔（Ben van Burke）、瑞姆·库哈斯（Rem Koolhaas）、伊东丰雄（Toyo Ito）、彼得·库克（Peter Cook）、丹尼尔·李伯斯金（Daniel Libeskind）、阿尔瓦罗·西扎（Alvaro Siza）等创作了全新的动态作品，并提出了"结构异规"的设计理念，创造了非常多具有想象力的结构形态。这个理念对结构非线性的发展影响意义重大。

"结构生态学"是技术性相对强一些的结构理论，其所强调的并不是结构与生态化之间的关系，而是从生物结构中提取出具有高度优化的结构形态，是一门较为单纯且内容丰富的关于结构形态学方面的理论扩展。结构生态学同样关注新材料、智能材料的开发与应用，关注生物组织的结构特性，关注建筑组件与建筑系统之间的交互关系，关注建筑整体超越各部分之和的观点。其将建筑以结构为基础推向了未来智能化建筑的发展道路，赋予建筑与结构生命特征，使之与生物组织一样具有生命力。

然而，弗兰克·彼佐尔德（Frank Petzold）对此进行了总结，认为是"形成了一种百花齐放但各自为政、互不相干的局面[10]"。每一个理论都是沿着各自学科背景或者为解决针对性问题从而发展起来的，因此，它们既具有创新性又具有一定程度的片面性与局限性，迫切需要进行新的理论整合。

0.1.3 我国大型公共建筑工程的发展困境

大跨建筑高度融合了技术表现力与技术制约性这对矛盾的综合体。这里的技术是广义上的，包含设计技术、建造技术、结构技术、生态技术等领域，在这些技术的发展历程中，可谓是牵一发而动全身，任何一个技术领域的进步都将引发其他技术的革新，对于大跨建筑的创新都是至关重要、甚至是革命性的。

1. 新时期下大跨建筑设计伦理的迷失

2014 年 10 月 15 日，习近平主席在文艺工作座谈会中传达出"不要再搞奇奇怪怪的建筑"的精神。笔者认为这是一种倡导，即倡导有思考的、有灵魂的、有品位的建筑作品。什么是奇奇怪怪的建筑，这个问题需要从当时的社会语境下进行思考。

20 世纪与 21 世纪之交，随着我国几个重点大型建筑工程启动，北京奥林匹克国家体育场——鸟巢、北京奥林匹克国家游泳馆——水立方、国家大剧院、CCTV 大楼、广州歌剧院等工程项目成为最具争议的建筑议题，成为建筑界关注的焦点，引发了持续多年的各界专家就"形式"与"理性"之间的博弈与激烈争论。随后，中国工程院、中国土木工程学会与中国建筑学会组织了以"我国大型建筑工程建设"为主题的工程科技论坛报告会与座谈讨论会，并陆续出版了两本会议论文集，其内含三十余位院士所撰写的文章，提出了我国对大跨建筑发展现状的反思与对未来方向的憧憬[11,12]（表 0-1）。

关于我国大型建筑工程建设的论文集比较   表 0-1

题目	编写单位	出版时间	提出的问题
《我国大型建筑工程设计发展方向——论述与建议》	中国工程院土木、水利与建筑工程学部	2005 年 2 月	我们评价一个大型建筑工程的设计方案的标准应该是什么？传统的"实用、经济、美观"的设计基本原则对于当下的大型建筑工程而言是否适用

题目	编写单位	出版时间	提出的问题
《论大型公共建筑工程建设——问题与建议》	中国工程院土木、水利与建筑工程学部	2006 年 5 月	现阶段的中国应该建设什么样的大型公共建筑,用什么原则指导,以什么标准评价;有关大型公共建筑的争论,从工程的实用、经济等角度逐渐触及建筑文化与建筑思想的层面

论坛中揭示我国大型公共建筑工程建设中所面临的主要问题为,盲目追求奇异的建筑造型,而忽视科学理性与功能需求,以及建筑管理系统的缺乏。前者主要表现为,在公共建筑方案评判阶段常常以建筑外形的标新立异与视觉冲击作为主要标准,而将建筑功能、空间品质与经济可行性置于次之。对于后者,我国大型公共建筑工程在建设的各个环节上,欠缺透明性与问责制度,如对设计方案的选取工作很大程度上取决于当地党政领导意愿而非建筑专家们的意见,忽视结构、设备、环保等学科专家的参与,导致只凭外观效果作为评选标准。

然而,大多数形式怪异的大型公共建筑工程都违背了合理的力学原则,同时违背了结构的经济性原则。例如,一些复杂扭曲的大型公共建筑工程的用钢量是传统大跨建筑用钢量的几倍甚至是几十倍以上,更由于结构的不合理而具有较大的危险隐患。另外,很多大型公共建筑工程面临着建成后难以负担的维护费用与能源消耗。如一项调查显示,虽然北京市大型公共建筑的总建筑面积占全市建筑面积总量的 5.4%,但其年耗电量竟然接近全市所有住宅建筑的总耗电量。

从以上我国大型公共建筑工程的发展现状及问题可以看出,在新时期下,即数字技术背景下,我国对于大型公共建筑的理性思考及设计理论的迫切需求。值得一提的是,随着技术的发展,我们要在创新与维稳中寻求突破,不可故步自封,亦不可盲从。从结构的角度来讲,大型公共建筑工程即是本书所研究的大跨建筑,而大跨建筑设计的核心又是结构形态的设计。因此,我们应探索数字技术下大跨建筑技术与艺术的共存,以及结构形式自由化与理性创作之间的平衡,寻求一种既满足结构效率又保证空间、生态、美学性能的大跨建筑设计理论与体系。

2. 新时期下大跨建筑实现技术的错位

同发达国家相比,中国工业化进程仍然处于相对较低的程度,导致了建筑加工及建造技术的落后。但由于建筑建模工具的相对普及,我国对于复杂形态的造型能力以及分析计算能力已经得到快速发展,并已经进入数字建筑阶段。但是建筑造型技术与建筑建造技术形成了无法避免的错位关系,主要体现在结构雕塑与建筑工程完成度两个方面。

第一个是关于结构雕塑的问题。很多大跨建筑为了追求形式而回避结构真实性原则，运用结构材料进行雕塑式搭建。为了追求潇洒自由的线条而忽视结构合理性，如运用钢材杆件进行复杂结构的雕塑搭建，同时结构杆件不规则且较为粗笨，使得结构自重超负荷，而且耗资巨大，同时对环境造成巨大的压力。

第二个是关于建筑工程完成度问题。由于我国在建筑加工设备——CNC机床、3D打印与工业机器人方面的普及性较差，部分结构构件加工厂商为了完成建筑非标准定制构件，利用传统技术研制模板，尽管加工标准度存在误差，但通过传统手段可尽量实现数字化设备可以实现的三维形体。在建造方面，还存在施工团队凭借工人手工操作仿制出类似于电脑模型中的形体，粗糙程度可想而知。因此，忽视加工与建造能力而使用蛮力不顾建筑细部的工艺品质，造成设计、加工与建造衔接粗糙，建筑工程完成度低下。

如今，自由、流动、非均质的大跨建筑形象已经不再如昨日鸟巢般的焦点而受到社会各界的热烈讨论与批判，随着我国广州歌剧院、深圳湾体育场、大连国际会议中心、哈尔滨大剧院等形象非常复杂的大跨建筑的建成，中国的各个城市也都拥有了屹立其中的地标性的非线性大跨建筑。而这些大跨建筑有几个共同点，远观，甚美，在唯美浪漫的设计理念下完成了东方式的美学建构；近观，不免牵强，建筑表皮装饰板，板与板之间的缝隙也变得不均匀，平滑的过渡也变成了不讲章法的撕裂、扭曲、折叠，还有某些部位实在难以交代，干脆简单粗暴地一了了之；内观，逻辑不清，雕塑般的结构层中钢筋密布。

究其原因，核心的问题在于建造技术的落后；进而导致原始设计对于结构原则的忽视；更重要的是，缺乏统领全局的理论、方法与标准。乐观地看，这是我国迈向数字化建筑设计的必经之路，我们仍有非常大的提升的空间。尽管如此，也绝不可以大肆耗费资源，不可做不必要的浪费，建筑师应该在当时当下运用可以运用得最好的技术和自己的全部智慧进行建筑创作，把握好谨慎保守与突破创新之间的平衡。

我们呼唤一种"最恰如其分"的创作态度，从建筑师的社会责任感与职业道德感出发，将视野放在整个建筑系统之上，综合运用可以使用的先进技术和最适合的创作灵感，从外延的多维因素对建筑形式创新进行设计建造，稳步突破，呼唤建筑师、结构工程师和各专业工程师的合作协同。数字技术激发了复杂、自由、丰富的建筑形态的涌现，然而，这种全新的仿自然结构的建筑形态对最终物质承载者提出了前所未有的难度，旨在呼唤高度性能化、高度精致化、高度智能化的建筑结构系统，实现建筑与环境生态之间的交互式体系，实现建筑动态化、感应化的智能体系。千里之行，始于足下，我们应立足于建筑与结构发展的现状，展望未来的数字科技，从理论与实践上共同研究非线性结构形态发展的理论与途径。

0.2 研究目的和意义

0.2.1 研究目的

传统的大跨建筑结构形态的研究是一脉相承的，从早期的合理形态探索到有意识的结构形态，其所研究的主要是基于欧几里得几何原理的空间结构体系的设计理念与设计方法。对于结构形态学本体来说，其在大跨建筑视域下的研究多集中在结构形态与建筑形态之间的关系、结构形态与环境之间的关系以及结构形态与艺术之间的关系，研究目的是寻找各个层次之间的关系，并在合理范围内寻求结构形态的创新与突破。

在当代语境下，在数字技术、非线性建筑与复杂性建筑、复杂性结构等视角下，试图系统地分析与总结大跨建筑及结构形态发展的新趋势、理论框架及设计途径。首先，应注重继承性，即对结构形态学研究目的的延续，站在新的视角下对其进行更深度的研究；其次，应注重适应性，即更好地了解新的建筑语境的内涵以及新语境可以带给大跨建筑设计的资源，最后，运用更加广阔而积极的态度对大跨建筑及结构形态进行研究，从而获取其发展的动力与养分。

本书的研究目的有以下三点：

（1）揭示数字化时代下大跨建筑结构形态的发展倾向。数字化建筑技术对大跨建筑的发展起到了颠覆性的作用。纷繁复杂的建筑形式表象，常常引发多种多样的思考，但也很难条分缕析地抓住现象背后的线索。因此，本书将从最基本的"大跨建筑"与"结构形态"的概念出发，通过语义分析对其进行一层一层的分解。在运用以还原论为基础的剖析过程中，结构系统中各元素之间的关系自然显现，进而，揭示出大跨建筑结构形态在数字技术影响下的新的发展趋势。

（2）建构数字化时代下大跨建筑结构形态的理论框架。受到数字化建筑技术的影响，从设计、加工到建造，数字化已经形成了建筑行业的产业链条。虽已经呈现出新的建筑与结构理论的爆发期，但是各种理论思潮都是在各自语境下发展出来的。对于大跨建筑来说，并没有针对性的理论研究，然而，大跨建筑设计理论与设计体系在现实发展中的需求非常迫切。因而，本书将运用复杂性科学理论与方法对大跨建筑及结构形态进行关联，试图构建大跨建筑结构形态的新的理论框架。

（3）提出数字化时代下大跨建筑结构形态的设计策略。拟将数字化下的大跨建筑非线性结构形态系统作为复杂性科学研究对象，即为一个复杂性系统。那么，大跨建筑非线性结构形态系统所具有的结构特性与复杂性系统特性是相同的。此外，在复杂性科学与方法的研究中，针对复杂系统各个阶段的系统特性，通过相应的理论及具体方法进行研究。那么这些理论及方法也将适用于大跨建筑非线性结构形态系统。因此，将从复杂性科学下的理论分支出发，探索大跨建筑非线性结构形态的设计途径与设计策略。

0.2.2　研究意义

从研究背景的分析来看，目前我国大跨建筑仍处在需求量较大的时期，然而，由于数字技术的强大冲击，大跨建筑向着自由多变的建筑形式迸发，却暴露出许多问题，如坠入建筑形式主义的深渊、忽视结构理性、忽视生态可持续发展等问题。究其原因，存在三个本质问题，第一是设计理论的不对等，第二是设计方法的不对等，第三是实现机制的不对等。不对等所体现的是新兴建筑形式追求与传统设计理论、设计方法与实现机制之间的不对等。因此，本书的研究将对于这三个矛盾的解决具有重要的意义与价值。

本课题的理论与现实意义为以下三点：

（1）为数字化大跨建筑创作提供理论支持。对于大跨建筑来说，其建筑系统十分复杂，包含多个层次、多个维度的设计要素，而将这些要素系统理性地统一起来，将具有现实的理论意义，将追求自然、生态、高效、精致、系统的大跨建筑设计理想融入整个非线性结构形态理论平台之中，另一方面，也应从科学角度处理数字技术时代技术与艺术的正确关系及作用机制，从系统的体系角度剖析非线性结构形态的系统构成。

（2）为数字化大跨建筑创作提供方法支持。具有非线性结构形态的大跨建筑已在近年来成为中国建筑市场的一大需求，然而，我国对于大跨建筑的理论研究与方法研究皆停留在传统建筑设计阶段。虽然数字化建筑研究已经有了一定的成果，但主要集中在小体量的建筑之上，抑或是对实验性建筑的探索。此外，对于大跨建筑来说，结构技术性与制约性非常强，对大跨建筑的设计方法一定要落在结构形态的设计之上。因此，本书以大跨建筑非线性结构形态作为研究对象，并对其结构形态生成途径与策略进行深度研究，为我国大跨建筑创作提供方法支持。

（3）为数字化大跨建筑创作提供设计链条与协同平台。大跨建筑从设计到建造过程中所涉及的专业分工、工作流程、管理流程十分复杂，而对于数字化时期下的非线性大跨建筑来说，由于其复杂的建筑与结构形式，非标准定制化构件都对建筑的完成度提出了巨大的挑战。我国由于技术相对滞后，没有完善的管理体系与协同平台，设计过程中自然而然地形成了很多考虑不到的漏洞，造成各个环节之间的脱节。本书对大跨建筑非线性结构形态的研究将从技术维度，建立从设计到建造的链条与协同平台。

0.3　相关研究概况

20世纪末,数字建筑逐渐渗透到建筑领域之中,对建筑学的影响是颠覆性的。通过对文献的研究,虽然"非线性结构形态"的概念并未直接被提及,但从"数字建筑""结构形态""空间结构"多条线索的发展脉络来看,已经不约而同地进行着非线性结构形态的研究,这些线索的理论及实践成果是本书研究的坚实基础,为本书的撰写提供了重要的资料,为具体研究工作提供了良好的学术基础。因此,笔者辩证取舍,从中汲取营养。下面,从数字化建筑设计与空间结构形态两条线索的研究成果与现状分别进行综述。

0.3.1　关于数字化建筑设计的研究成果与现状

短短二十几年里,国内外关于复杂性建筑、参数化建筑、数字建筑的研究如雨后春笋般迅速蔓延,涵盖了从理论、设计、生产、建造到管理的全产业链的多个分支,出现了一系列先锋建筑师及理论学者,他们倡导新技术的应用,不被现代主义建筑思潮所束缚,不断地探索突破,创造出动人的建筑案例。由于处在数字建筑最艰难的探索期,研究者们的成果彼此交叉重叠,未完全找到各自清晰的发展方向。然而,这些先锋的研究为建筑学提供了新的视野。

1. 早期数字建筑的探索时期

从20世纪后期开始,关于数字建筑的理论研究与建筑实践逐渐成为一种潮流,为21世纪的爆发式迅猛发展埋下伏笔。最早,在20世纪末,尼古拉斯·尼葛洛庞帝(Nicholas Negroponte)的《数字化生存》(Being Digital,1995年)、威廉·米歇尔(William J. Mitchell)的《比特之城:空间·场所·信息高速公路》(City of Bits;Space,Place,and the Infobahn,1995)为我们勾勒出未来在数字化背景下的城市与社会生活的图景。

21世纪之后,关于复杂性科学与哲学的著作译文大量出版,改变了人们传统的线性思维以及人们对世界的认知方式,其中,包括埃德加·莫兰(Edgar Morin)的《复杂性思想导论》(Introduction à la Pensée Complexe,2008年)、伊利亚·普里戈金(Ilya Prigogin)的《确定性的终结——时间、混沌与新自然法则》(The End of Certainty:Time,Chaos and the New Laws,2009年)、H. G. 舒斯特(H. G. Schuster)的《混沌学引论》(Deterministic Chaos:An Introduction,2010年)、弗里德里希·克拉默(Friedrich Cramer)的《混沌与秩序——生物系统的复杂结构》(Chaos and Order:The Complex Structure of Living Systems,2001年)、约翰·H·霍兰(John Henry Holland)的《隐秩序

——适应性造就复杂性》（Hidden Order：How Adaptation Builds Complexity，2011 年）、梅拉妮·米歇尔（Melanie Michelle）的《复杂》（Complexity，2011 年）、马丁·海德格尔（Martain Heidegger）的《存在与时间》（Being and Time，1987 年）等。这些基础研究为数字建筑的研究提供了理论依据与科学方法。

同样在 21 世纪初，另一条数字媒介线索也正在发展，计算机的应用对于建筑的重要性已经远远超越工具层面，正在改写建筑设计的新方式。彼得·沙拉帕耶（Peter Szalapaj）从其著作《建筑设计的 CAD 原则》（CAD Principles for Architectural Design，2001 年）到《当代建筑与数字化设计》（Contemporary Architecture and the Digital Design Process，2007 年），深刻表现了数字技术这门学科发展之迅猛，前者还在讨论基本的 CAD 建模思想，而后者已经提出数字技术在旧媒介与新媒介之间的转换，即数字技术从建筑表现工具到建筑生成工具的转向，并运用计算机向读者展示建筑形式的各种可能性。阿里·拉希姆（Ali Rahim）的《催化形制——建筑与数字化设计》（Catalytic Formations：Architecture and Digital Design，2012 年）关注如何利用数字化工具实现优雅的建筑形态，强调将纷繁复杂的条件融入建筑创作之中，包括结构、空间、功能、流线、装配、构件、成本等制约因素。书中详细叙述了"瞬时性与时间""虚拟与现实""情感效力与实际效果""新技术与未来技法"等线索，并着重强调数字化工具运用的纯熟程度的重要性，认为可以以精湛的数字技法来实现优雅精巧的形态语言。

在国内也有一部分学者最早地涉入数字媒介对建筑变革的研究领域之中。其中，清华大学秦佑国教授在《建筑学报》发表文章《建筑信息中介系统与设计范式的演变》（2001 年）及在《新建筑》发表文章《建筑图形媒介的发展与比较》（2002 年），其是国内较早对建筑转向数字信息的研究，其指导的博士论文《建筑设计媒介的发展及其影响》（白静，2002 年）对于建筑设计相关的数字媒介工具进行了横向分析比较，并总结出数字媒介的特征、规律及对建筑未来发展方向的影响。相关研究还有，张利的《从 CAAD 到 Cyberspace：信息时代的建筑与建筑设计》（2002 年）、费菁的《超媒介——当代艺术与建筑》（2005 年）、东南大学博士论文《数字建构的建筑形态研究》（虞刚，2004 年）、天津大学博士论文《建筑生成理论研究》（阎力，2005 年）等，都为国内数字化建筑设计提供了具有重要价值的理论与实践资料，对我国数字建筑发展具有巨大的推动作用。在前人的研究基础之上，俞传飞的《数字化信息集成下的建筑、设计与建造》（2008 年），东伦敦大学保罗·科茨（Paul Coates）的《编程·建筑》（Programming·Architecture，2012 年），汤姆·威尔伯斯（Tom Verebes），刘延川、徐丰共同编著的合集《参数化原型》（2012 年）等著作从更深入的计算机编程及参数算法等层次对建筑变革进行了论述。

除著作之外，国内先锋建筑期刊更是不断对其进行讨论，其中具有代表性的有《世界建筑》在 2006 年出版的以晰释复杂性为主题的杂志，及在 2008 年出版的以参数化设计为主题的杂志，邀请了国内外深入实践数字建筑的建筑事务所进行讨论，包括扎哈·哈迪德（Zaha Hadid）、威尔金森·艾尔（Wilkinson Eyre）等，全面反映了当时西方建筑设计对于建筑复杂性的认知程度与实践程度，为我国数字建筑的实践提供了全新图景。

2. 数字建筑的快速发展时期

作为我国数字建筑、复杂性建筑、非线性建筑、参数化建筑领域的代表性人物，清华大学的徐卫国教授从理论到实践层面对数字建筑进行了广泛与深入的探索，其 2009 年在《建筑学报》发表的文章《数字建构》对笔者的研究具有深刻的启发。徐卫国教授与尼尔·里奇教授共同编著的学术专著包括《涌现·青年建筑师作品》（2006 年）、《涌现·学生建筑设计作品》（2006 年）、《数字建构——青年建筑师作品》（2008 年）、《数字建构——学生建筑设计作品》（2008 年），是很多建筑学生最早接触的数字建筑思潮的入门书。

2010 年 10 月，徐卫国教授、袁烽教授同尼尔·里奇教授等人联合发起成立"中国建筑学会建筑师分会——数字建筑设计专业委员会"（DADA），举办了两届会议，包括 2013 年由清华大学承办的以数字建筑为主题的第一届 DADA 学术会议及展览，2015 年由同济大学承办的以数字工厂为主题的第二届 DADA 国际学术会议及展览。这两届会议邀请了众多国际先锋数字建筑师及研究者，如扎哈·哈迪德建筑事务所的帕特里克·舒马赫（Patrik Schumacher）、蓝天组创始人之一的沃尔夫·狄·普里克兹（Wolf D. Prix）、澳大利亚皇家墨尔本理工大学马克·伯里（Mark Burry）教授、罗兰德·斯努克斯（Roland Snooks）教授、谢亿民院士及德国斯图加特大学的阿希姆·门格斯（Achim Menges）教授等，对中国及国际的数字建筑发展具有巨大的推动作用，并连续出版了一系列丛书，包括袁烽同尼尔·里奇共同编著的《建筑数字化编程》（2012 年）、《建筑数字化建造》（2012 年），以及袁烽、阿希姆·门格斯及尼尔·里奇共同编著的《建筑机器人建造》（2015 年）。这一套丛书跨越了从数字化编程、数字化建造到工业机器人建造，囊括了最前沿的理论探索以及最真实的创作实践经验，非常珍贵，对本书的研究提供了宝贵的材料支撑。

从同时期出版的一些相关著作来看，数字建筑已经呈现出发散式扩张，已经在建筑理念、建筑设计方法及建筑生态化设计等层面产生了巨大的影响。以伊东丰雄建筑设计事务所编著的《建筑的非线性设计——从仙台到欧洲》（2005 年）以日本仙台媒体中心（SMT）项目为例，其细致入微地讲述了该项目从构思到建造过程中如何挣脱传统理论束缚，从而完成这个非线性的、非完结的、扭动生长的建筑形态。同济大学的孙澄宇教授发表著作《数字化建筑设计方法入门》（2012年）以讲义的形式梳理数字化建筑设计方法相关概念，并以参数化建模技术为基础提出"元设计"方法，通过一份完整的学生作业展示设计参数化模型、构建性能评价指标和规划机器智能算法的设计循环流程，是数字化建筑设计方法的入门教学书。

到了20世纪初，对于建筑非线性的研究更加深入，从形式渗透到建筑本质需求，将自由、动态、不规则的建筑形态与生态化、性能化等深层次建筑需求结合起来。例如，天津大学孔宇航教授的《非线性有机建筑》（2012年）将"非线性"与"有机建筑"暗含的关系揭示出来，提出场所、空间、形式与建构四个维度的有机建筑演化规律，为实现人类理想的有机建筑奠定了基础。王班的《复杂性适应——当代建筑生态化的非线性形态策略》（2013年）运用复杂性适应理论将建筑非线性形态与建筑生态化的目标融合起来。

袁烽最新的著作《从图解思维到数字建造》（2016年）以同济大学建筑与城市规划学院的"数字未来"建造工作营（Digital Future Shanghai Workshop）和上海一造科技有限公司（Fab-Union）的数字建构实验为基础，集合了近年来数字建筑的研究成果，并运用图解的思维与方式，从不同时期、不同侧面串联起数字建筑的发展脉络，为我们呈现出具有清晰逻辑的图景与未来性能化发展的方向。同时期的我国台湾学者邵唯晏出版的《当代建筑的逆袭》（2016年）对非线性建筑的发展脉络进行了完整的建构并提出了非线性建筑的十大特质，里面的理论部分内容与笔者产生了共鸣。

在这场数字浪潮中，国内外高校研究所及先锋派建筑事务所承担了最重要的责任（表0-2）。从数字建筑的发展脉络，可以看出在数字技术支持下，建筑形态逐渐转向自由化及性能化的发展方向，建筑师可以更多地参与建筑设计过程，并更加关注设计及建造过程中的逻辑性，特别是结构的逻辑性。

国外研究"数字建筑"的代表院校及设计机构　　　　　表0-2

机构名称	代表性作品
中国清华大学建筑学院	蚕丝混凝土
中国同济大学建筑与城市规划学院	反转檐椽
德国斯图加特大学计算设计学院	2013年~2014年 ICD/ITKE 碳纤维展馆
奥地利林茨艺术与工业设计大学	ADA项目、AROSU项目
苏黎世联邦理工学院"格拉马齐奥-科勒"研究中心	网格模型项目
澳大利亚皇家墨尔本理工大学建筑学院	复合翼与黄铜群
美国南加州建筑学院	机器眼项目

续表

机构名称	代表性作品
伦敦建筑联盟学院(AA)	Softkill 项目
伦敦大学学院 Bartlett 建筑学校	阴影线项目
哈佛大学设计研究生院	机器人黏土打印
荷兰代尔夫特理工大学 Hyperbody 研究小组	RDM 拱项目
格雷格·林恩 Form 工作室	帕卡德汽车厂项目
中国北京市建筑设计研究院有限公司	凤凰国际传媒中心
奥雅纳工程顾问有限公司(Arup)	鸟巢、水立方
扎哈·哈迪德建筑事务所	日本新国家体育场
蓝天组	大连国际会议中心
涌现组	台北表演艺术中心

0.3.2 关于空间结构形态的研究成果与现状

从本书的研究对象可以看出，非线性结构形态是在结构先进性方向下所提出的空间结构类别，然而不同于以往的结构类型，非线性结构形态往往从视觉上表现出自由与非线性，但究其本质，结构内部逻辑依从空间结构的基本原则。因此，对非线性结构形态研究的另一条脉络是从空间结构形态学的研究出发。

1. 经典的结构形态学研究

对事物进行深入研究的前提是，对其进行充分的认知。因此，笔者对于大跨建筑及结构形态学方面的经典著作进行清晰而透彻的分析。相关领域最经典的著作有意大利结构工程师皮埃尔·奈尔维（Pier Luigi Nervi）的《建筑的艺术与技术》（1981 年）、德国著名建筑师海诺·恩格尔（Heino Engel）的《结构体系与建筑造型》（2002 年）、日本结构工程师斋藤公男的《空间结构的发展与展望——空间结构设计的过去·现在·未来》（2006 年）、新西兰安德鲁·查尔斯森（Andrew W. Charleson）的《建筑中的结构思维》（2008 年）、美国斯坦福·安德森（Stanford Anderson）《埃拉蒂奥·迪埃斯特：结构艺术的创造力》（2013 年）等，都是结构领域的经典之作，也是研究结构形态学的必读之作。这些著作观点鲜明，提倡结构与美的高度融合，提倡从技术与艺术的高度进行建筑及结构形态的创作。

日本结构工程师渡边邦夫（Kuno Watanabe）的《结构设计的新理念·新方法》（2008 年）强调从"物与物""物与人""人与人"之间的相互关系看待结构

设计，并认为"力学"与"美学"、"技术"与"艺术"是相互依存的表里关系，在统一中蕴含着突破构思的可能性。

德国温菲尔德·奈丁格（Winfried Nerdinger）等人编著，柳美玉及杨璐翻译的关于弗雷·奥托（Frei Otto，以下简称奥托）的文集《轻型建筑与自然设计——弗雷·奥托作品全集》（2010年）保存了大量宝贵的资料，即关于奥托先生一生对于建筑及轻型结构的构想与探索，其中，有大量关于结构找形的物理实验照片及绘画式探索，这些宝贵的资料对未来的数字化找形提供了重要的启发作用，是当代数字化设计的思想雏形。

挪威奥斯陆建筑与设计学院的比约恩·诺曼·桑达克（Bjorn Normann Sandaker）教授从事结构与建筑交叉领域的研究与教学工作二十余年。在建筑结构复杂化更替的背景下，他撰写了著作《On Span and Space——Exploring Structures in Architecture》（2008年），书中从结构功能、结构技术与结构美学三个层次剖析了当下建筑与结构正经历的自由化变革。特别是第三部分对于结构美学的讨论非常生动，这些内容为本书的研究提供理论性指导。

以上著作从结构形态学理论方面对本书产生了重要的影响，第1章及第2章的很多论述都基于对这部分著作的分析研究。

2. 结构形态自由化的发展

随着数字建筑的发展，以弗兰克·盖里（Frank Owen Gehry）为代表的一批建筑师进入非线性建筑形态的实践当中，然而由于技术的限制，往往是用雕塑的方式实现非欧几里得的几何形式，而如若对结构逻辑进行改变较为困难。

塞西尔·巴尔蒙德是颠覆传统结构的先驱者。其是奥雅纳工程顾问有限公司的灵魂人物，更是全球最著名的结构工程师之一，很多著名且复杂建筑的结构部分都出于他的结构设计，如鸟巢、水立方、国家大剧院及CCTV大楼等。其著作《Informal》在国内翻译并出版《异规》（2002年）（图0-4），表示结构异规的思想，从结构工程师的视角向读者阐释全新的构思起点，颠覆传统的结构思维，让结构成为有灵魂的动态形式，使结构成为建筑表达的灵魂。之后，塞西尔·巴尔蒙德陆续出版了著作《Number 9》（2008年）及《Element》（2008年），与此同时，《建筑与都市》中文版发行三周年纪念特别专辑《塞西尔·巴尔蒙德》（2008年），全面展示了其建筑思想与建筑作品，为本书的研究提供了宝贵的资料。

被称为结构主义急先锋的沃尔夫·狄·普里克兹是蓝天组［Coop Himmelb (l)au］创始人。凤凰空间·北京编写的《世界著名建筑设计事务所——蓝天组》（2012年）带我们走进了普里克兹及蓝天组的建筑思想与经典作品。其认为变化是永恒的，崇尚不确定、无界限、变化无界限的空间与形态，试图打破一切固有界限，鼓励建筑师放下理论。书中介绍了其最具代表性的33个建筑案例，其中建成项目中国大连国际会议中心（2012 年）是中国近年来较为重要的项目之一。

美国建筑师汤姆·威斯康比（Tom Wiscombe）及其领导的涌现组编写的作品合集《结构生态学》（Structural Ecologies，2009 年）（图 0-5）在前半部分理论篇章着重探索了生物学及工程学领域与建筑学的交叉融合，并通过实际的方案表达他们对结构形态拓扑变异的多样化的浓厚兴趣与积极探索，也因此形成了涌现组独特的建筑风格。

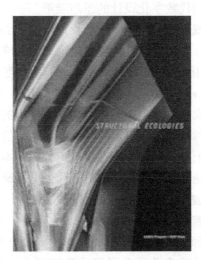

图 0-4 《异规》（Informal）　　图 0-5 《结构生态学》（Structural Ecologies）

3. 结构形态性能化的发展阶段

结构形态性能化设计对于建筑创新具有重要的应用价值，其所生成的结构形态不但更接近于自然有机形态，也更大程度上实现了异规结构的合理性观点。日本结构工程师佐佐木睦朗（Mutsuro Sasaki）对自由曲面钢筋混凝土壳体结构进行深入研究，根据严谨的力学基础创立了结构设计敏感性分析理论，对曲面形式进行修正以得到结构合理的形态。其与数位建筑师合作了一系列建筑项目，如福冈爱蓝岛新城中央公园（伊东丰雄，2005 年）、各务原市火葬场（伊东丰雄，2006 年）、劳力士学习中心（SANAA 事务所，2010 年）、丰岛美术馆（西泽立卫，2010 年），证明了结构评价技术与结构优化技术将结合建筑形式设计与美学要求，创造综合技艺的建筑形态。澳大利亚皇家墨尔本理工大学谢亿民院士及其团队致力于现代结构拓扑优化算法研究，创造性地提出渐进结构优化算法及双向渐进结构优化算法，通过结构材料的增加与删减得出结构性能优异的结构形态。

哈尔滨工业大学土木工程学院沈士钊院士、武岳教授带领的团队对空间结构领域的研究在国内较为领先，并在自由曲面结构形态、结构形态创构方法及结构拓扑优化等前沿领域取得了很多研究成果。其中，沈士钊院士在 1998 年土木工程学报发表的《大跨空间结构的发展——回顾与展望》一文中预测了未来几十年的空间结构发展趋势，具有前瞻性的统领地位；崔昌禹教授前后发表了若干篇关于"结构形态创构方法"的文章，具有代表性的包括《自由曲面单层网壳结构形态创构方法研究》（2013 年），《结构形态创构方法在实际工程中的应用》（2008年），《自由曲面结构形态创构方法——高度调整法的建立与其在工程设计中的应用》（2006 年），《结构形态创构方法——改进进化论方法及其工程应用》（2006年），武岳教授指导的博士论文《自由曲面结构的形态学研究》（李欣，2011年）、《自由曲面空间结构几何及拓扑形态创构》（高嘉伟，2011 年）及文章《逆吊实验法及其在结构形态创建中的应用》（2012 年）。

哈尔滨工业大学建筑学院大空间建筑研究所刘德明教授致力于大跨建筑结构形态设计及理论研究，其指导了相关博士论文《大跨建筑表皮的参数化设计方法研究》（李媛，2013 年）、《大跨建筑结构形态轻型化及表现》（董宇，2011 年）、《建筑形态发展与建构的结构逻辑》（卫大可，2009 年）、《大空间公共建筑生态化设计研究》（史立刚，2007 年）等，相关硕士论文《大跨度建筑张拉膜结构形态参数化设计研究》（高博，2013 年）、《大跨建筑结构形态参数化模拟优化研究》（王帅，2013 年）、《岳阳体育场体型参数化设计研究》（史宇天，2011年）。随着年代的发展，该团队对结构形态的研究重心已经从结构形态本体特质转向与数字建筑的交叉热点领域，关注于数字技术视角下的空间结构形态创新。

结构形态逐渐成为建筑领域研究的热点问题，国内外先锋杂志媒体不断地进行相关话题的讨论。其中，影响力最大的《Architectural Design》（AD）是英国顶级建筑杂志，在 2010 年 8 月，以新结构主义（The New Structuralism）为题对当时最为先锋的非线性结构形态的理论与实践进行探讨，凝聚了世界各地在该领域最前沿的研究者与建筑师的文章，为本书提供了宝贵的参考资料，从另一方面来看，也足以证明"非线性结构形态"在当下的舆论地位及其重要性，从而侧面证明了本书研究的重要性及意义。2013 年 4 月，AD 杂志出版的文章《计算工作：建筑算法思想》（Computation Works：The Building of Algorithmic Thought）对基于数字算法的非线性建筑及结构形态的实践进行了总结，并介绍了一系列可供建筑师使用的参数化工具，如 Design Ecosystems、Galapagos、Kangaroo、Pachyderm Acoustical Simulation、WeaverBird、GecoTM、Firefly，将性能化建筑设计推荐给读者。国内建筑类最为重要的学术期刊《建筑学报》《世界建筑》《建筑师》《时代建筑》《城市建筑》近年来围绕该话题发表了多期合集（表 0-3），提供最新鲜、最前沿的研究成果。

近年来关注"结构形态"专题的代表性期刊汇总 表 0-3

期刊	主题	关注点
《Architectural Design》2010 年总 206 期	《The New Structuralism：Design，Engineering and Architectural Technologies》	结构逻辑、新材料实践、实验建筑、结构主义、材料技术、建造技术
《Architectural Design》2013 年总 222 期	《Computation Works：The Building of Algorithmic Thought》	数字算法、参数化建筑设计、参数化工具、结构性能化
《时代建筑》2013 年第 05 期	《力的表达：建筑与结构的关系》	结构形态（力学、结构）、建筑形态（空间、建筑）
《建筑学报》2014 年第 08 期	《建筑数字时代的性能化追随》	建筑数字技术、形式追随性能、性能化建构、数字链、数字化加工、数字化建造
《时代建筑》2014 年第 05 期	《数字化时代的结构性能化建筑设计》	结构性能（材料特性、几何特性、建造逻辑）
《建筑师》2015 年第 02 期	《结构建筑学专辑》	Archi-Neering、结构建筑学
《建筑学报》2017 年第 04 期	《结构形态的操作：从概念到意义》	结构形态、结构建筑学
《建筑学报》2021 年第 01 期	《互动式的建筑结构概念找形——基于三维图解静力学》	建筑结构一体化、计算机辅助设计、概念找形
《世界建筑》2021 年第 04 期	《力学找形与数控建造：离散型冰壳设计建造一体化》	力学找形、数控建造、设计建造一体化
《建筑学报》2022 年第 04 期	《融合艺术与技术的结构思维》	结构在建筑设计中发声的重要意义

　　以上研究现状表明，随着数字技术在建筑领域中的深入渗透，关于数字建筑的理论研究与实践研究的成果呈丰富化及深入化增长。与此同时，随着数字建筑的深入，其研究越来越多地关注建筑设计过程中的结构逻辑及结构形态性能化设计，这些说明了"结构形态"在数字建筑背景下的重要性。然而，这些研究大多集中于小体量的建筑规模，而针对空间结构这类具有特殊性的大跨建筑结构形态的讨论呈现出零散的状态，并没有完整的理论研究。

0.4 研究内容与方法

0.4.1 概念界定

从本书研究的初始阶段开始，笔者始终思考如何对研究对象进行清晰而准确的界定，并可以传达出该书的研究内容与目的。经过不间断的调整，最终明确了以下两个概念界定："大跨建筑"及"非线性结构形态"。

1. 大跨建筑的概念界定

大跨建筑（long-span architecture）是建筑类别中功能需求复杂、技术制约性强、多学科综合性高的建筑类别之一，涉及功能、空间、结构、技术、美学、生态等多方面范畴。根据文献查阅，从三个不同视角将大跨建筑的定义进行归纳，塑造出对大跨建筑的立体认知（表0-4）。

不同范畴下大跨建筑的概念界定   表0-4

定义范畴	定义出处	对"大跨建筑"的界定
建筑类型	《中国大百科全书·建筑园林城市规划》	大跨度结构多用于民用建筑中的体育建筑、展览建筑、交通建筑等大型公共建筑及大跨度厂房、仓库等工业建筑
建筑空间	《空间结构的发展与展望》	大跨建筑空间主要以"集会空间""无柱大空间"为中心[13]
	《中国大百科全书·建筑园林城市规划》	大跨度建筑指水平跨度在30m以上的各类建筑
	《中国土木建筑百科辞典》	大跨度建筑指水平跨度在80m以上的各类建筑
结构美学	《Structure and Architecture》	当实现跨度技术成为影响建筑结果的首要因素并突出到足以作用于建筑的美学讨论范畴之内的情况，即为大跨建筑[14]

首先，从建筑类型出发对大跨建筑进行概念界定，列举了对大空间功能有所需求的公共建筑及工业建筑等。其次，对大跨建筑最常见的解释是关于水平跨度的界定，强调水平延展性，然而这种界定方式具有一定的时代局限性。最后，第三种视角是笔者较为推崇的，苏格兰爱丁堡大学建筑系安格斯·麦克唐纳（Angus J. Macdonald）教授认为"当实现跨度技术成为影响建筑结果的首要因素并突出到足以作用于建筑的美学讨论范畴之内的情况，即为大跨建筑"，突破了以往对大跨建筑的定义，而是对其从技术、审美层面进行更深层次的诠释。

2. 非线性结构形态的概念界定

（1）非线性。"非线性"即不是"线性"的，指两个变量间不成简单比例关系。非线性科学是最接近自然真实现象的科学。笔者依据塞西尔·巴尔蒙德的结构异规理论与埃德加·莫兰的复杂性思想，将"非线性"界定为"有序的本质（即有序性的原则、规律、算法、确定性、明确的概念）与混沌的外显（即迷雾、不确定性、模糊性、不可表达性、不可判定性）两者对立统一的系统"，既是过程又是结果。从表层来看，非线性看起来应该是复杂的、流动的、自由的、非均质的、非欧几何的、夸张的、具有未来感的等。从深层来看，非线性代表着更接近于自然界的有生命的能量，非线性的系统是一个有机的整体，不是瞬时的存在，而是从整个生命周期的层面进行审视。

（2）结构形态。形态学（morphology）的概念源于生物学，目的是研究生物形状的本质特征。20 世纪初，形态学思想渗入建筑领域，形成"结构形态学"。结构形态学从整体上研究结构形式与力学原理之间的相互作用关系，以及寻求二者之间的融合。

（3）非线性结构形态。在 2010 年 8 月，英国建筑杂志《Architectural Design》（AD）首次提出"新结构主义"的概念。"非线性结构形态"这一概念是将"新结构主义"内涵与"大跨建筑"设计理论相结合的产物。另一方面，"非线性结构形态"这一概念的提出，主要基于数字技术的影响，是建筑设计范式更迭的产物。因此，其所涉及的新兴学科较多，针对性较强，复杂度较高。笔者从语义、结构类型、大跨建筑设计以及复杂系统四个维度对"非线性结构形态（nonlinear structure morphology）"的概念进行界定。

从语义维度分析，非线性结构形态是一个整合性概念，是对"结构形态"概念的扩展，是有序本质与混沌外显的统一系统。

从结构类型维度分析，非线性结构形态属于空间结构，因此，非线性结构形态属于一种由形状产生效益的结构类型。

从大跨建筑设计维度分析，非线性结构形态是以复杂性科学为理论基础，以数字技术为技术支撑，并在设计过程中最大限度地关注结构逻辑、生态逻辑与审美表达，最终呈现出自由和具有丰富表现力的建筑形态。

从复杂系统维度分析，非线性结构形态是一个具有生命力的、开放的、与环境交互的建筑结构系统。非线性结构形态系统由结构单元涌现生成，且结构单元之间以非线性相互作用，产生宏观的建筑秩序。

0.4.2 研究方法

1. 研究方法论——复杂性科学及方法论

复杂性科学是学科互涉的新兴学科，其以复杂系统为研究对象，揭示复杂系统的运行规律，改变人们认识世界、探究世界和改造世界的能力（表 0-5）。从复杂性科学分析，大跨建筑结构形态是一个自下而上的复杂系统，将大跨建筑中各个元素关联成一个系统，整体加以分析、研究，强调单个因子对系统整体性能的调控作用，同时强调结构系统是自由化与性能化的相互制约又相互促进的合成体。基于复杂性科学方法，我们可以从本质上认识大跨建筑形态非线性化的根本动因，并为探究大跨建筑非线性结构形态生成方法提供重要手段。

系统科学发展的三个阶段 表 0-5

科学发展的阶段	理论
系统科学发展的第一阶段	老三论：系统论、信息论、控制论
系统科学发展的第二阶段	新三论：耗散结构理论、协同论、突变论
系统科学发展的第三阶段	复杂性科学

2. 基础调研方法

（1）文献研究法。通过搜集、鉴别和整理本书相关文献（大跨建筑、结构形态表现、非线性建筑设计、数字化建筑设计等相关理论、方法与实践），并对其进行深入的研究与分析，以了解国内外相关研究的成果与最新动态，确定研究方向，对其进行科学认识，进而剥离出本书的研究对象与范畴、研究内容与预计创新点，是本书研究的基础。全面而精准的文献研究将为本书的顺利进行提供保障。

（2）语义分析法。以词语的结构性阐释而获得认识框架，梳理词汇概念、学科价值和伦理思想。以关键词的运作展现研究的视角、名词属性、动词属性。以现象学和后结构主义作为具体的思考方法，为结构性词语阐释和关键词的运作奠定基础。

（3）案例研究法。较为全面地搜集具有非线性结构形态的大跨建筑案例，可通过以下几条线索进行：建筑期刊（杂志）、建筑事务所（网站）、明星建筑师或结构工程师（作品）、建筑新闻（网站）、建筑大事件（场馆）等。在实例搜集的过程中，将作品按照论文框架分门别类地归档，再进行细致独到的分析工作。分析工作从建筑基础概况、设计手法、结构特点、材料性能、生态性能等角度入手。

3. 技术分析方法

（1）图解研究法。通过图形的表达对理论进行分解，并进行逻辑化处理，将难以领会的理论内容直观地呈现出来。本书将大量运用图解方法，将逻辑思想利用图解方法直观地解释和反应研究过程与结果。

（2）模拟研究法。在本书各个环节中，适时利用计算机对大跨建筑结构形态进行创建模拟，及时对理论研究成果进行具体试验操作，以得出更为切实可行的技术层面的研究成果。目前数字化软件种类繁多，不同软件对应不同的设计需求，着重在第 5 章，通过 Rhino 及其插件 Grasshopper、Kangaroo 数字化软件对大跨建筑非线性结构的不同形态进行模拟分析。

0.4.3　研究内容

1. 研究范围界定

本书研究范围集中在大跨建筑结构形态的新兴理论与技术范畴，使用"非线性"一词对本书研究对象"大跨建筑结构形态"进行限定，目的是区别于传统的大跨建筑结构形态研究。后者的研究成果较为成熟，为后人的研究留下了很多宝贵财富，如大跨建筑理论内核与结构理论原理等；前者是基于新的理论背景与技术背景，大跨建筑复杂化转向的物质载体，这种自由化的形态反映的是从思维到技术方式的时代升级。本书正是在传统大跨建筑研究成果的基础上，结合新的方法论与新的研究技术，探究全新的大跨建筑结构形态的创作途径。因此，本书研究范围明确、具体，适合于进行深入的理论研究。

2. 研究视角界定

建筑犹如织布，由经线和纬线编织而成。欲分析一个问题，需要从其本体抽离出来，站在更加广袤的视角重新审视，这样才可以看到问题的现状和历史根源，及其对未来更加深远的影响。因此，欲探讨大跨建筑非线性结构形态的表现途径，笔者将从多学科交叉综合的视角入手，搭建空间、结构、美学三个主要学科的坚实平台，通过复杂性科学方法论将三者融合起来探索数字技术下的大跨建筑结构形态创新。

3. 主要研究内容

（1）提出问题及分析问题。首先，提出本书的研究对象，通过对本书背景进行多维度的论述从而提出问题；其次，提出课题的研究目的与意义，并对本书相关学科研究成果与现状进行综述分析；最后，提出本书的研究方法、技术路线及主要研究框架。

（2）解析大跨建筑结构形态的非线性特质。影响大跨建筑及设计的因素主要有技术、空间和美学三个方面，影响因子十分庞杂，并随着影响因素不断更新与发展。首先，对大跨建筑及结构形态的特质进行解析，分析结构形态在大跨建筑中的重要职能；其次，从结构"形"与"态"关系的非线性演变入手，分别对"形"与"态"的内容进行扩展，从而讨论结构形态非线性发展的原因与方向。最后，从复杂性科学出发，非线性结构形态系统是通过结构形态组织要素间的非线性相互作用，形成的具有宏观秩序的建筑系统。其中，结构形态组织要素包括单一的结构构件以及由结构构件构成的结构单元，它们具有构型、材料和几何要素。对于结构系统来说，各组织要素之间的非线性相互作用分为结构的力和建筑的力两类。结构的力指力流的传递与抵抗，建筑的力指结构与人和环境之间的相互影响的力。在这两种力的作用下形成的非线性结构体系，不仅具备结构性能，而且具备空间、生态和美学三个方面的宏观建筑性能。

（3）建构非线性结构形态的理论框架。传统的线性思维方式已不再适用于当下大跨建筑复杂化倾向，需要新的理论进行支撑。运用复杂性科学从设计思维、设计手段、设计伦理三个层次上与大跨建筑设计进行深层关联和整合；提出非线性结构形态这一全新的概念，建立系统各要素间非线性相互作用机制和环境适应性机制；最终，基于复杂性科学的整合思想和数字技术的整合技术，将其系统所有层级及要素整合起来，搭建起大跨建筑非线性结构形态的理论平台。非线性结构形态的理论建构是本书研究开展的根基。最后，指出非线性结构形态系统具有复杂系统共有的三种特性，即生长、演化和维生，继而提出非线性结构形态系统的三种途径。

（4）生成策略一：基于涌现生成的单元繁衍。结合复杂性科学中的涌现生成理论，提出"单元繁衍"方法——自下而上的结构形态生成方法。结构生成主体，按照结构生成逻辑，受限于环境适应，生长成结构形态系统。不同的结构生成主体对应着与其匹配的结构生成逻辑。按照各类结构生成主体的特点，分别讨论了几何单元、构造单元、仿生单元的涌现方式。

（5）生成策略二：基于遗传进化的材料拓扑。结合复杂性科学中的遗传进化理论，提出"材料拓扑"方法——结构性能化生形的设计方法。遗传进化理论引入结构优化研究已经有一定的研究成果，通过对结构形态的调整优化得出具有较高力学效率的结构形态，将这种具有高度力学效率基因的结构形态作为建筑设计的构思基点具有非常大的实践意义。从自身具有力学效率的思路出发，逐节讨论了高度调整法、拓扑优化法和材料拟态法。

（6）生成策略三：基于适应维生的参数逆吊。结合复杂性科学中的适应维生理论与经典物理逆吊找形法，提出"参数逆吊"方法——根据环境适应性调控结构形态的数字化设计方法。物理逆吊法是运用力流塑造结构形态的方法，将其进行参数化，各个参数可以对应建筑设计的因子，如边界条件、支承方式、网格布置等。这些因子可以根据环境适应性和建筑师的意识进行调控，生长出既具有力学效能又具有建筑效能的结构形态。进而，在实验的基础上，具体讨论非线性结构形态如何适应空间环境、物理环境和美学环境。

0.4.4　研究框架

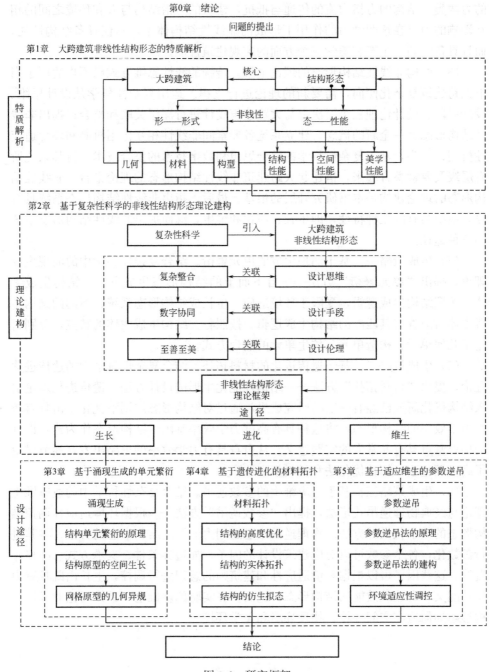

图 0-6　研究框架

0.5　参考文献

［1］ MITCHELL W J. Afterword：the design studio of the future ［M］. MA：The MIT Press，1990：479-493.

［2］ 孙晓峰，魏力恺，季宏 . 从 CAAD 沿革看 BIM 与参数化设计 ［J］. 建筑学报，2014（8）：41-45.

［3］ 乌尔里希·森德勒 . 工业 4.0——即将来袭的第四次工业革命 ［G］. 邓敏，译 . 北京：机械工业出版社，2014：4.

［4］ LEACH N，TURNBULL D，WILLIAMS C. Digital tectonics ［M］. Chichester：Wiley-Academy，2004.

［5］ 袁烽，阿希姆·门格斯，尼尔·里奇，等 . 建筑机器人建造 ［G］. 上海：同济大学出版社，2015.

［6］ LEACH N，XU W G. Fast forward hot spot brain cells ［M］. Hong Kong：Map Book Publishers，2004：9.

［7］ OXMAN R，OXMAN R. The new structuralism：design，engineering and architectural technologies ［J］. Architectural design，2010（4）：14-23.

［8］ 束林，周鸣浩 . 对话·融合·反思——2014 中日结构建筑学（Archi-Neering）学术研讨会评述 ［J］. 建筑师，2015（2）：9-12.

［9］ 袁烽，胡永衡 . 基于结构性能的建筑设计简史 ［J］. 时代建筑，2014（5）：10-19.

［10］ 魏力恺，弗兰克·彼佐尔德，张颀 . 形式追随性能——欧洲建筑数字技术研究启示 ［J］. 建筑学报，2014（8）：6-13.

［11］ 中国工程院土木水利与建筑工程学部 . 我国大型建筑工程设计发展方向 ［G］. 北京：中国建筑工业出版社，2005.

［12］ 中国工程院土木水利与建筑工程学部 . 论大型公共建筑工程建设——问题与建议 ［G］. 北京：中国建筑工业出版社，2006.

［13］ 斋藤公男 . 空间结构的发展与展望——空间结构设计的过去·现在·未来 ［M］. 季小莲，徐华，译 . 北京：中国建筑工业出版社，2006：7.

［14］ MACDONALD A J. Structure and architecture ［M］. New York：Architectural Press，1994.

0.6　图片来源

图 0-1：孙晓峰，魏力恺，季宏 . 从 CAAD 沿革看 BIM 与参数化设计 ［J］. 建筑学报，2014（8）：41-45.

图 0-2：乌尔里希·森德勒 编 . 工业 4.0——即将来袭的第四次工业革命 ［M］. 邓敏，译 . 北

京：机械工业出版社，2014：4.

图 0-3：袁烽，阿希姆·门格斯，尼尔·里奇，等．建筑机器人建造 [G]．上海：同济大学出版社，2015.

0.7 表格来源

表 0-1：中国工程院土木水利与建筑工程学部．我国大型建筑工程设计发展方向 [G]．北京：中国建筑工业出版社，2005；中国工程院土木水利与建筑工程学部．论大型公共建筑工程建设——问题与建议 [G]．北京：中国建筑工业出版社，2006.

■第 **1** 章■

大跨建筑非线性结构形态的特质解析

从古罗马时期穹顶技术的巅峰之作——万神庙，到 20 世纪 60 年代由钢筋混凝土技术建造而成的天花球顶——罗马小体育宫，再到 20 世纪末创造性应用张拉膜结构建造而成的轻型屋盖——慕尼黑奥林匹克体育场，大跨建筑无疑是每一个时代技术与艺术极致拼杀的角斗场。

非线性结构形态正是复杂性科学的背景下大跨建筑与数字技术联姻的产物，更是技术与艺术真正实现科技融合的产物。在这里，结构所呈现出来的非线性形象只是一种表象。更深入地说，非线性绝不仅是对自由浪漫建筑形象的描述，而是深层次地挖掘潜藏在复杂形式背后的大跨建筑设计的新秩序、新逻辑和新机制。深入的理论研究需要建立在坚实的认知基础上，因此，对大跨结构形态进行多层次、多维度的拆解与深入剖析是后续研究的基础工作。

1.1 大跨建筑及其结构形态的特质解析

首先，分别对大跨建筑与结构形态进行特质解析。分析大跨建筑的设计特点与目标导向，从全局的角度出发对大跨建筑非线性结构形态的设计目标与设计特点进行总结。进而，通过分析结构形态在大跨建筑中的意义、地位与职能，突出结构形态在大跨建筑设计中的核心角色，同时也呼应本书选取结构形态作为大跨建筑研究的主要对象的意义与价值。

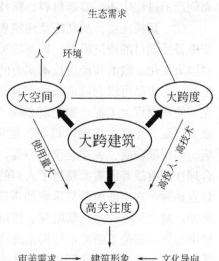

1.1.1 大跨建筑设计的特点与目标

1. 三个设计特点

大跨建筑，常常是城市中最受瞩目的大型公共建筑工程，具有大空间、大跨度和高关注度三个特点（图 1-1，图 1-2）：

图 1-1 大跨建筑设计的相关因素

29

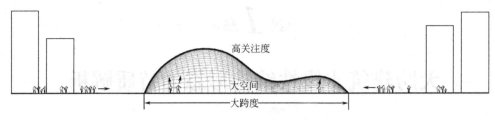

图 1-2　大跨建筑设计的三个特点

（1）大空间。对于大跨建筑来说，首要的空间属性即是水平空间。大空间的产生源于人类对于水平空间的需求，随着社会经济与技术条件的进步，大空间建筑功能从最初为纪念日集会、狂欢、庆典等适合大众聚集的水平无柱场所，而逐渐发展成为具有体育竞技、商业活动等大型商业公共建筑，而在当下社会中，逐渐形成了同时具有多种功能的综合体大空间建筑。由于空间体量巨大，相比普通空间而言，大空间对于空间环境舒适度具有更高标准，与此同时，较大的空间体量将带给建筑更高的结构设计、环境调控与加工建造的技术难度。

（2）大跨度。大空间必然产生大跨度，在人类文化的发展历程之中，随着人类对活动场所的精细化需求，逐渐形成了一些固定的大跨建筑类型，主要类型包括体育建筑、观演建筑、展览建筑、交通建筑、纪念性建筑等，其跨度从几十米到几百米。与此同时，大跨度的实现需要高投入与高技术。从力学来看，建筑结构的生存是在抵抗重力的过程中维持着，水平跨度的增加必然会造成结构力学传递的转向。随着跨度的增加，力学传递体系愈加复杂，从而引起承重体系的复杂化。大跨结构的创新正是在满足结构合理性与突破结构合理性的博弈中进行的，而创新的过程中还需要新材料、新技术、想象力等养分。

（3）高关注度。从功能及建筑规模方面来看，大跨建筑是一座城市或一个国家中备受瞩目的建筑类型。较高的关注度带来的是人们对其建筑形象的要求，如对国家文化、政治和经济技术实力的彰显。建筑亦是文化产业的一部分，应运而生的优秀作品可以为城市或国家赢得巨大的展示效应与经济效益。我国 10 年内完工的几项重大工程，如北京 2008 年奥运会场馆"鸟巢"与"水立方"、中国国家大剧院、北京大兴国际机场、望京 SOHO、朝阳公园广场、澳门新濠天地酒店、广州歌剧院、大连会议中心等，另类夸张的建筑形象、超高造价、对于结构合理性的挑战等因素都超越了人们的想象，正因如此，这些工程成为人们讨论的热点话题，在不断争论与斥责的声浪中，赢得了世界对中国的好奇与主动认知。例如，澳大利亚的悉尼歌剧院、西班牙毕尔巴鄂的古根海姆博物馆、法国的蓬皮杜中心等，都是不断冲击结构系统边缘的产物，每当人们的认识受到挑战，新美学也应运而生。从美学到文化、从文化到建筑、从建筑到结构，大跨建筑应秉持自身的文化职责，通过对结构形态的创新，在结构合理、环境舒适的基础上，创造出更具审美特质的建筑形象。

2. 两种追求

从广义上来说，建筑学是研究建筑及其环境的学科。大跨建筑的设计追求要从人-建筑-环境之间的关系进行追踪。

根据马斯洛人类需求层次理论，提出人对建筑的 5 个需求层次，分别为生理需求、安全需求、社交需求、认知需求和审美需求。以 5 个需求层次为线索，从两个方向贯穿大跨建筑的设计追求，即对最基本舒适性的追求和最高级的视觉心理愉悦的追求（图 1-3，图 1-4）：

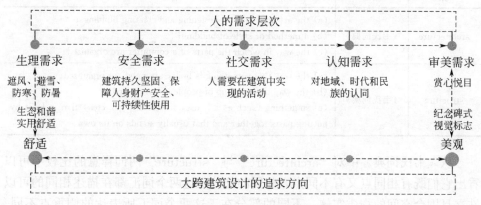

图 1-3　从人的需求层次对比大跨建筑设计方向

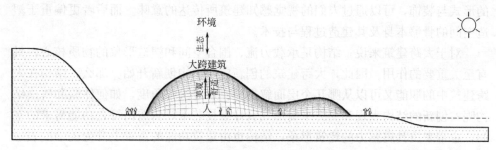

图 1-4　人、环境与大跨建筑之间的关系

（1）舒适，即人对舒适性的需求。使用者通过对建筑的使用与环境产生间接的联系，大跨建筑作为环境空间界面，应从设计之本源处理好内部空间环境与外部环境的关系，遮风避雨，通风遮阳，为建筑内部的使用者提供舒适的使用环境，同时减少能源的消耗，减少对环境的负荷。

（2）美观，即人对美观的需求。无论是建筑内部的使用者还是城市的观赏者与品鉴者，人们对建筑的审美评价来源于对环境的理解，来源于自身对生命的理解，但最终由审美者完成评价，这些都与环境有间接的关系。

1.1.2 结构形态之核心角色解析

没有结构就没有建筑物。结构是建筑的骨骼，是不可替代的组成成分。哈佛大学丹尼尔·斯科台克（Daniel L. Schodek）教授认为："结构是一个物理实体，它可以被设想为一个在空间中由构成要素布置而成的组织，在这个空间中整体特质控制着部分与部分的相互关系[1]。"从语义来分析，结构与建筑的概念比较见表1-1。

"建筑"与"结构"的定义 表 1-1

词汇	出处	释意
architecture	《韦氏词典》	(a) the art or science of designing and creating buildings; (b) a method or style of building; (c) the way in which the parts of a computer are organized
structure	《韦氏词典》	(a) the way that something is built, arranged, or organized; (b) the way that a group of people are organized; (c) something (such as a house, tower, bridge, etc.) that is built by putting parts together and that usually stands on its own

从《韦氏词典》中对"architecture"与"structure"两词释意的比较中可以看出它们既有相同点又有不同点，相同的部分是这两个词汇都在描述相同的可以站立且围合空间的物质实体，不同的部分在于这两个词汇所表达的侧重点不同。前者着重于建筑的艺术与技术的表现，且建筑形态着重表达空间内界面及外界面的形式与装饰，可以通过人们的视觉感知建筑所传达的意味。而后者更偏重于塑造空间的骨骼本身及其建造过程与技术。

对于大跨建筑来说，结构是承载力流、围合空间和塑造形象的物质核心，具有至关重要的作用。因此，大跨建筑的创新应从结构创新开始。那么，结构在大跨建筑中的职能又可以从哪几个层面解析呢？从建筑学角度，如何体验和解读结构呢？创新的结构表现和受力平衡形式就像杂技艺术，营造出符合功能需求的空间，也带来更具震撼力的建筑形象，结构也由建筑功能的需求上升为美学的表达媒介[2]。最后，将结构职能总结为技术职能、空间职能和美学职能三个方面（图1-5）。

1. 技术职能：物质实体

对于结构来说，力学与形式有着本质上的联系，且结构与构造是同时存在的。从上文对"结构"释义的分析中可知，结构形态既是组织空间传递力流的物质实体，又是组织系统各层次（表皮、设备等）的有机载体：

（1）传递力流的骨骼。力学是组织建筑形式的原动力。斋藤公男认为："在力学结构空间建筑的关系中，力学产生结构，结构让空间实体化，然后空间组成建筑[3]。"对于大跨建筑来说，结构是至关重要的一环，在其实现的过程中，离

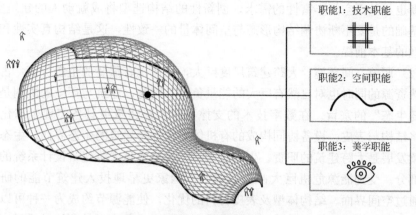

职能1：技术职能

职能2：空间职能

职能3：美学职能

图 1-5 结构职能

不开深厚而广博的力学知识，也离不开正确且敏锐的力学感知力。结构构思应在大跨建筑设计的最初环节进行，其工作内容包括构思建筑的空间意象、选择合适的结构体系、判断结构的可行性及构想结构节点构造设计等，这一切工作的灵魂在于对力学传递的把握。从地基到支承结构，再到屋盖结构，将结构形式的组织同力流的传递有机地结合起来，对结构进行真实而简洁的表达，也是塑造结构美的首要基础。结构的组织也是通过结构材料、加工工艺与施工技术等环节，从整体轮廓到细部节点的每一个环节对力流的表达。

（2）设备、表皮的依附主体。从广义上看，建筑结构技术包括材料、设备、结构、加工、建造等层面的内容。克里斯汀·史蒂西（Christian Schittich）认为："建筑由承重结构、技术设备、空间顺序和建筑表皮四个部分组成[4]。"其中，承重结构、技术设备和建筑表皮均属实体范畴。从建造逻辑上看，表皮、结构与设备应由统一、多层级的网格进行控制，以结构布置方式为主要控制网格，并兼顾表皮与设备的布置方式，由此具有不同技术的功能层共同叠加成统一有机的整体，将建筑美学表达与生态控制融为一体。而这三者的共生所创造的生态价值、科技价值与美学价值决定了复杂结构形态未来的发展方向。

2. 空间职能：空间界面

结构在大跨建筑中的空间功能又包括功能职能与生态职能。

（1）塑造空间体量。在《道德经》中，老子阐明了建筑实体与空间的孪生关系："埏埴以为器，当其无，有器之用。凿户牖以为室，当其无，有室之用。故有之以为利，无之以为用。"不同类型的结构体系会形成不同体量、不同风格的空间场所，因此，结构最基本的职能即是塑造空间体量。同雕塑不同，每一座建筑都为人们提供生活或交流的场所，而人们对于不同活动又有不同的空间需求，包括空间体量、尺度及与之相关的特质、开放度、路径组织等。例如，体育建筑的空间特征是围合性，而交通建筑的空间特征是流线型等。因此，结构形态的不断创新也是基于空间丰富性的需求。创新性的结构选型将成就动人的建筑空间，但更基础的是要不断协调结构形态与空间体量的一致性，这是结构真实性和结构创新性的基本前提。

（2）调节空间环境。大跨建筑尺度巨大，往往具有重要的生态价值，占据大量自然资源的同时也对自然有巨大的能量负荷，因此，建筑与环境的协调是"形式追随生态"的宗旨。在数字技术的支撑下，大跨建筑更具备实现生态化的潜质，将结构与表皮、设备协同构成的有机体看作大跨建筑的生态界面。生态化和可持续发展是大跨建筑的职责，生态技术、结构技术是大跨建筑设计系统的有机组成部分。受到能源危机巨大冲击后的西方国家更早地投入建筑节能的研究之中，通过空间界面、结构体型及表皮材料的优化，使能源节约成为一种可以操作的工作。尤其是大空间公共建筑，结构维护界面联系着内、外环境的质量[5]。通过结构形式（建筑朝向、建筑体形、最佳窗墙比、建筑遮阳等）的调控进行自然风的疏导与自然光的引入，不但可以极大地降耗减资，还可以提高人们的生理舒适度。

3. 美学职能：审美对象

结构构成了建筑的特殊形态，并具有精神层面的意义，其具备建筑学特质与激动人心的建筑美学元素。因此，结构具有美学职能，是建筑审美的主要对象。结构的美学表现潜质是建筑设计中最有活力的理念，具有视觉冲击力的结构可以刺激感官并美化建筑。

（1）结构是大跨建筑表达美的物质基础。承载力与表现力是表现结构美的两个方面。皮埃尔·奈尔维认为不是所有技术精湛的建筑作品都具备艺术价值，然而，具有艺术价值的建筑作品一定是达到一定技术高度的。因此，结构的技术合理性及技术创新性是实现建筑的美学价值的首要条件。结构美学价值的提升可以从三个方面进行处理，首先是与建筑理念完美融合，其次是深入展现结构细部的技术之美，最后是通过结构形式的特有气质传达力量之美。

（2）结构的美存在于稍许偏离结构理性的地方。坪井善胜（Yoshikatsu Tsuboi）曾说："如果说建筑是艺术，那么，结构也必须漂亮……结构的美存在于稍许偏离结构合理性的地方[6]。"由此可知，除结构合理性应该贯彻之外，感性也应该得到尊重，将结构创新从过于原则化的合理性中解放出来。再者，埃罗·沙里宁（Eero Saarinen）认为超越建筑实用性的目的是要给予人类生存之上精神层面的愉悦，就像古典使人感动一样，现代的高级技术带给人们的是对于力度的感受[7]。这里强调的是，在建筑构思与结构构思阶段，必须要感性地抓住建筑灵魂，勿受困于高深理论的追求而丧失感性的艺术追求。

（3）特定时代精神的结构表达。在满足力学原理的条件下，结构由于自身的物质形态从而具有深刻的社会性与时代性，每一个时代的优秀的大跨建筑作品都契合当时的技术烙印与时代精神，如古罗马时代的拱券结构、中国古典时期的木结构斗拱、工业革命爆发之后的产物埃菲尔铁塔等，都反映了不同时期结构形态的美学价值。随着第四次工业革命的蔓延，随着数字技术的广泛应用，非线性结构形态正是当下技术能力的直观表达，与此同时，自由流动的结构形态恰恰是对技术魅力的彰显，是结构自身复杂性逻辑的技术展现。随着技术的不断发展，结构形态一定要不断地打破自身固有的成熟度，如同健身运动员要在肌肉拉伤之后才可以生长出更健硕的新肌肉。善用技术可以大为提高建筑创作的美学高度，赋予结构更多的文化影响。

1.2 "形"与"态"关系的演变

形态学（morphology）的核心是探索事物（人体、动物、植物等）外在表现与内在特征或规律之间的关系（图1-6），强调整体的思维观点，不提倡孤立地看待独立的个体。至今，形态学观点已经在诸多领域（艺术、生物、数学等）中得到迅猛发展，很多学科都借助于形态学理论进行形式美及内在逻辑的探讨，从而探讨创新与创作的内涵。

对于结构形态的研究，始终围绕着"形"与"态"的相互关系以及对其二者协调统一的追求。然而，随着时代更迭及技术更新，结构"形"与"态"的关系也在不断转向，并且在当下发生了巨大的转折，即从"外在表现"与"内在特征"之间的线性关系到"混沌外显"与"有序本质"之间的非线性关系的扩展。透过现象看本质，应从事物关系中认识设计思维转换的过程。

1.2.1 结构形态学的局限

从整体上说，结构形态学（structural morphology）是研究结构形式与其结构性能之间的关系（图1-7）。

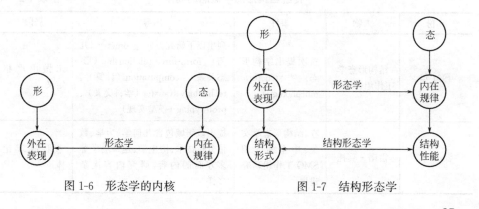

图1-6　形态学的内核　　　　　　图1-7　结构形态学

最初，国际壳体与空间结构学会（IASS）在 1991 年成立了结构形态学工作组（SMG），并第一次提出结构形态学这一概念与研究领域。在会中，成员们明确提出了结构形态学的五个研究方向，分别为 geometry（几何）、form-force relationship（形-态关系）、computation（计算）、technology transfer（学科交叉）、prototyping（模型实现）[8]。然而，在这里并没有对结构形态学的概念进行严格定义。

接下来，在 2008 年，雷诺·莫托（René Motro）在《结构形态学文集》中全面阐述了 SMG 工作组的研究进展，内容丰富，包含的领域有几何学、力学、数值分析技术、仿生学、建筑美学等多方面[9]，由于研究内容庞杂多样，结构形态学未形成理论体系。

2014 年，沈士钊院士及武岳教授明确界定了结构形态学的概念。仍然是从形态学的基本核心出发，通过对结构"形"与"态"的关系的关注，提出结构形态应是结构"形"与"态"二者的相互统一，并分别对"形"与"态"进行分解，其中"形"指结构形式，应包括结构体系、几何形状和内部拓扑关系等内容，而"态"指结构性能，应包括结构的受力状态、适用性及结构效率等内容[10]。这一定义为结构形态学界定了较为明确且宽广的研究内涵。

对于大跨建筑结构来说，"形"与"态"是结构系统的两个侧面，其二者是辩证统一的整体。前者，结构的"形"，即形式（form），是可视的也是可操作的，是围合空间的物质同时也是人们审美的对象；后者，结构的"态"，即性能（performance），是无形的，是评价结构合理性的重要依据。不同的"形"会产生不同的建筑性能"态"，而为实现不同的"态"也一定需要结构材料按照一定组织方式进行构型。因此，优秀的结构形态应是结构"形"与"态"二者的完美统一。

但是，以上关于结构形态学的讨论都是局限于结构范畴（表 1-2），那么，若从建筑范畴中讨论，应该在概念中囊括更加宽广且全面的内容。

传统结构形态学概念的局限　　　　　　　　　　　　　　　　表 1-2

年份	人物	事件	内容	局限
1991 年	结构形态学工作组（SMG）	首次提出结构形态（structural morphology）	列出以下研究方向：geometry（几何）、form-force relationship（形-态关系）、computation（计算）、technology transfer（学科交叉）、prototyping（模型实现）	未做出严格定义
2008 年	雷诺·莫托	在《结构形态学文集》中全面介绍 SMG 工作组研究进展	提出该领域包含几何学、力学、数值分析技术、仿生学、建筑美学等多方面的内容，研究内容庞杂多样	未形成理论体系

续表

年份	人物	事件	内容	局限
2014 年	沈士钊、武岳	明确界定了结构形态学的概念	明确提出结构形态学是研究"形"与"态"的相互关系，寻求二者的协调统一，目的在于实现一种以合理、自然、高效为目标的结构美学	较局限于结构范畴

1.2.2　非线性关系的逻辑

大跨建筑设计涉及较多相关学科，相关影响因素庞杂，自身具有较高的秩序和逻辑要求，因此，大跨建筑结构形态应是一个复杂系统，我们要运用复杂性科学的理论认识大跨建筑结构形态系统。因此，本书提出非线性结构形态（nonlinear structure morphology）及其理论。

依据埃德加·莫兰对复杂性的哲学解释，复杂性是有序的本质（即有序性的原则、规律、算法、确定性、明确的概念）与混沌的外显（即迷雾、不确定性、模糊性、不可表达性、不可判定性）两者的对立统一[11]。因此，在非线性结构形态学之中，"形"与"态"的关系是非线性的，是有序本质与混沌外显的统一。混沌外显"形"应是有序本质"态"最大限度深化呈现的结果（图1-8）。

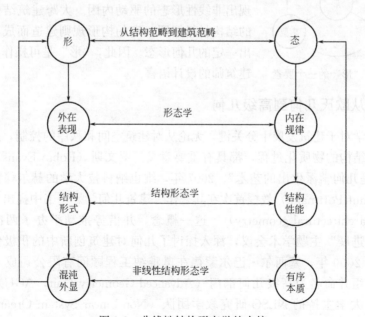

图 1-8　非线性结构形态学的内核

在人们对技术信息的不断熟悉以及对大众传媒的操作控制日益增强的今天，

形式魅力和感染力的泛滥显然更加难以控制，所以对整个建筑系统进行概念上清晰的辨析和智慧的决策是极其重要的。从概念层面来辨析，大跨建筑非线性结构形态，是以复杂性科学为理论支撑、以数字技术为技术支撑，具有整体性、综合性的概念，是混沌外显与有序本质的统一。"形"表现为趋向自由、连续、流动、动态、随机、瞬时、不规则、不对称，是建筑设计最大限度地表现有序本质"态"的结果，亦是物质载体。建筑师可通过几何、材料和构型这三者的设计与创新实现建筑空间性能、结构性能与美学性能最综合且最优化的有机形态。因此，掌握系统组织"形"的布置逻辑与系统性能"态"的调控逻辑之间的关系将是复杂建筑结构形态创新的突破口。

1.3 "形"的扩展

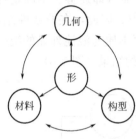

图 1-9 "形"的三个要素

"形"即形式（form），为混沌外显。表层来看，其是建筑形态的呈现方式，抽象来看，是力流传递（force flow）的路径。几何（geometry）、材料（material）、构型（configuration），从结构形态组织的层面来看，是用于组织力流传递的三个要素（图 1-9），因此，也是结构所呈现出非线性形态的驱动内因。大跨建筑结构由特定的结构材料按照一定的构形规则建造而成，并呈现出一定的几何形态。因此，"形"是可操作层面，是建筑师的设计语言。

1.3.1 从欧氏几何到高级几何

几何学对于建筑发展十分关键，无论从对建筑空间和秩序的控制，还是对建筑构造及结构的物质化过程，都具有重要意义。罗文斯（Robin Evans）曾提出"建筑学是几何学派生出的艺术"。2007 年，维也纳科技大学的赫尔穆特·波特曼（Helmut Pottmann）教授首次在其著作《建筑几何学》一书中提出了"建筑几何学（architectural geometry）"这一概念，并借势推动举办了两次"建筑几何学新进展"主题学术会议，深入探讨了几何对建筑创新中的积极作用。然而，早在 2000 年，塞西尔·巴尔蒙德在奥雅纳工程顾问有限公司成立了几何学研究小组并命名为高级几何部门（Advanced Geometry Unit，AGU）及在宾夕法尼亚大学主持的 NLSO 研究教学团队（Non-Linear System Organization），将新几何与建筑设计及建造进行联姻，充分探讨建筑及结构形态的更多可能性。相类似的还有，哈尼夫·卡拉（Hanif Kara）与标赫（Buro Happold）工程设计顾问有限公司合作的 GGU（Generative Geometry Unit）及其建立的 P·art（Parametric Applied Research Team）。随着非欧几何与建筑设计交叉的不断升级，出现了越来越多的研究机构或团体。高级几何的发展对于非线性结构形态的创新具有重要的推动作用。

1. 古希腊时期欧氏几何与古典建筑结构形态

在早期经典几何的基础上，古希腊数学家欧几里得（Euclid，约公元前 330 年～公元前 275 年）在其伟大著作《几何原本》（Elements of Euclid，公元前 300 年左右）中提出了欧氏几何（euclidean geometry）（图 1-10）。随后，毕达哥拉斯学派将欧氏几何推到了几何哲学的美学高度之上，进而维特鲁维（Marcus Vitruvius Pollio）在《建筑十书》（Ten Books on Architecture）中提出了建筑美的基本几何法则，其中包括对称、秩序、比例和尺度等美学原则，成为统治建筑美几个世纪的建筑美学标尺。

基于几何学的基础，这一时期的建筑与结构随着建造技术的不断发展有了不断的突破，从拱券、穹顶到帆拱与飞扶壁等；同时，受到欧氏几何的影响，这些结构形态大多呈现出简单几何形式，如圆形、方形等，并推崇一种永恒与力量的逻辑美（图 1-11）。

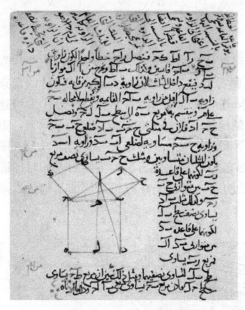

图 1-10　欧氏几何　　　　图 1-11　欧氏几何在万神庙中的应用

2. 文艺复兴时期解析几何与现代建筑结构形态

笛卡尔（René Descartes，1596 年～1650 年）在几何学中引入了坐标系（图 1-12），提出了解析几何（analytic geometry），又名笛卡尔几何或坐标几何。

这成为代数几何、画法几何及透视法出现的标志性事件，并对建筑学制图（平、立、剖等）产生了深远影响。现代主义基于笛卡尔几何发展出一套网格、轴线及模数的几何学设计方法，极大地推动了建筑发展。

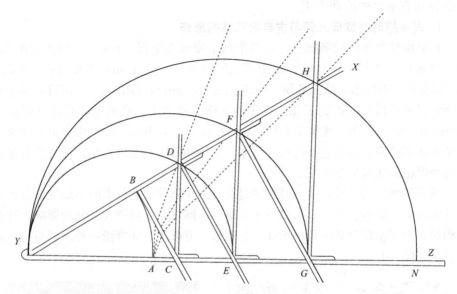

图 1-12　笛卡尔平均曲线求解

在计算机还未登场的年代，结构非线性计算是完全不可能的事情，主要依靠基于几何式的手工运算。日本著名建筑师丹下健三（Kenzo Tange）设计的东京奥林匹克国立代代木体育馆（Yoyogi National Stadium，1964），在近代大跨建筑与空间结构发展史中，具有举足轻重的地位。其就是在解析几何的基础上，追求结构形式的创新，尽管在 50 年后的今天，其所散发的迷人气息仍未减少（图 1-13）。结构工程师对于空间结构网架形态的丰富化做出了很多努力，如对球面网壳进行分割，图 1-14 中多种多样的结构网壳形式是在解析几何的基础上逐渐被发现的，呈现出丰富的建筑表现力。

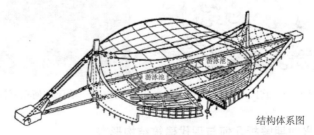

结构体系图

图 1-13　东京奥林匹克国立代代木体育馆（一）

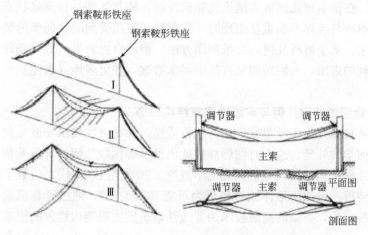

图 1-13　东京奥林匹克国立代代木体育馆（二）

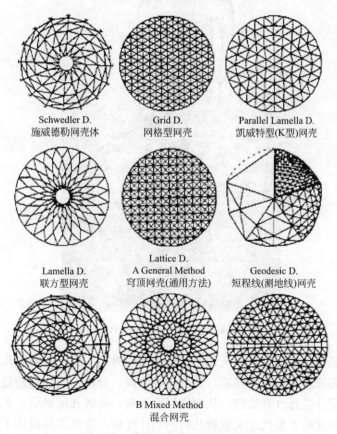

图 1-14　球面网壳的不同分割方式

　　然而，在笛卡尔几何极大地推动建筑发展，使其达到一种巅峰状态时，当解析几何的单一与纯粹不断重复出现时，其背后建筑所受到的几何学的禁锢也明显地显现出来。基于解析几何的二维制图方法，浪漫自由的形式难以操作，为了摆脱这种单调的束缚，人们转向从自然中寻求答案，并更多地寻求建筑与环境之间的关系。

3. 19 世纪的非欧几何与非线性建筑结构形态

　　人们从自然现象中反思欧氏几何的普适性，并突破性提出非欧几何，极大地拓展了几何学的外延，这个时期爆炸性地出现了如代数几何、计算几何、微分几何、分形几何、拓扑几何等新兴几何学理论。20 世纪 80 年代之后数字技术的高速发展，使得三维曲面形体的建模成为可能（图 1-15），通过计算机编程可以将高级几何视觉化，类似的高级技术为非线性建筑的实现架构稳固的根基。

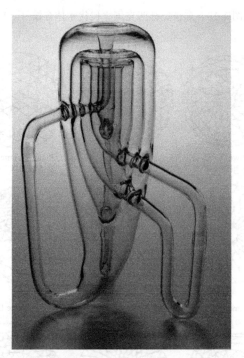

图 1-15　三重克莱因瓶（Triple Klein Bottles，1995 年）

　　复杂建筑与结构形态是传统几何理论无法应对的。新兴的高级几何概念是非线性结构形态描述和实现的基础，从形体的生成、分析、优化到建造过程，可全部通过数字信息进行计算处理。从创作层面来看，高级几何灵活、多样和丰富的几何形式犹如突破了现代主义解析几何的创作桎梏，为建筑师提供了巨大的创作空间。福斯特建筑事务所（Foster＋Partners）始终关注新技术的研发工作，其SMG 研究组（Specialist Modelling Group）与艺术家约翰·皮克林（John Pickering）合作，运用数学公式、计算机程序和参数化软件创造了一系列新几何形式（图 1-16），并运用 3D 技术打印出实体进行展出。从设计工艺层面来看，高级几何所依赖的数字技术极大地提高了大型建筑工程的完成度与建造精度，将建筑业推向了技术与智能的科技前沿。弗兰克·盖里是非线性建筑的先驱者之一，其酷爱奇特、不规则的曲线形态，并在软件与硬件的开发中将作品实现（图 1-17）。

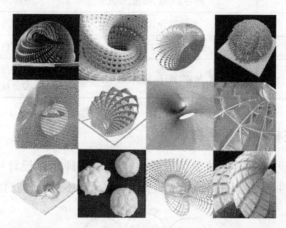

图 1-16　SMG 研究组运用数学公式、计算机程序和参数化软件创造的新几何形式

图 1-17　瓦尔特·迪士尼音乐厅（Concert Hall of Walt Disney，2003 年）

理察德·巴克敏斯特·富勒（Richard Buckminster Fuller，以下简称富勒）曾在《协同——几何思维的探索》（Synergetics——Explorations in the Geometry of Thinking，1975 年）一书中提出协同几何的概念，强调自然宇宙与结构逻辑之间综合和理性的协调[12]。随着建筑与自然对话的加深，几何学也已逐渐转化为数字技术的基础依托（表 1-3）。

	传统建筑几何观	复杂建筑几何观
几何基础	欧氏几何、解析几何	高级几何
学科基础	人文、社会科学	复杂性科学
时代背景	工业生产	数字信息
哲学及文化背景	理性、文脉、场所、多元	图解、生成、褶子、非线性
设计逻辑	形体组合、比例尺度	算法生成、参数化设计
对待自然	人为规则的对立或融合	与自然规则相融合
审美趋向	明确、精致、秩序、简洁、抽象、理性	动态、平滑、自由、连续性差异、复杂性、层次性、整体性

1.3.2　从传统材料到复合材料

材料是结构设计中不可缺少的着眼点，当建筑师想在设计中使用结构材料时，其对材料属性的了解就变得非常重要[14]（图 1-18）。新型材料或者传统材料

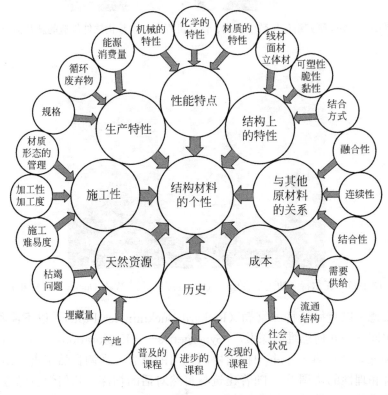

图 1-18　结构材料与结构设计

的创新性应用，是大跨建筑结构形态非线性创新的驱动因素。不同结构材料因其自身属性不同而具有不同的结构发声语言，所塑造出的建筑形象也因此不同。在结构形式创作背后，建筑师应作关于"材料"的如下三种思考：如何将其材料的内在属性如实如理地表现出来，并影响人们对结构关于视觉与触感等的多种体验？如何最大化项目全生命周期，即从概念设计到项目完工、再到维修、拆除、回收循环利用？如何应用材料全新的加工工艺与建构方式以突破材料可实现的形态界限？

1. 传统材料的创新性应用

在大跨结构中，常用的结构材料包括从古典时期的石、木、竹到工业时期的钢材、钢筋混凝土、膜材等。结构材料属性（material properties）包括 3 个方面：力学属性，如单向受力（mono-directional）、双向受力（bi-directional）；加工方式，如切、钻、铸、焊；几何属性，如线性材料（linear/modular）、曲面材料（surface/mass）。

纵观历史，很多时代性建筑作品都是对建筑与结构材料充分尊重与表现的融合，如同罗伯特·马亚尔（Robert Maillart，1872 年~1940 年）在瑞士国际博览会水泥馆（1939 年）表现出惯有的对材料的信赖与喜好，表达出"我相信你，你也要相信我的设计"。传统大跨建筑最常见的结构材料有石材（图 1-19）、木材、钢筋混凝土与钢材，每一种结构材料都在塑造结构形态的同时表现其自身的材料美感，如皮埃尔·奈尔维在罗马小体育馆中用钢筋混凝土壳体结构所表现出的结构肌理之美，仿佛自然界中植物的叶脉一般的结构构造方式将力流传递表达得淋漓尽致（图 1-20）；又如米兰世博中心长廊中钢材所表现出来的自由与通透（图 1-21）。相比具有厚重感的传统结构材料而言，钢材结构具有轻质化的特点，越来越广泛地应用于工程实践之中。钢材所具有的塑性能力与抗拉力学优势，可以突破传统结构形态的限制，呈现出多种多样的结构形态。

图 1-19 石材穹顶结构——苏丹艾哈迈德清真寺

2. 新型材料的智能之路

复合结构材料包括树脂、ABS、复合高纤维混凝土及碳纤维（纤维增强复合材料）等。基于机器人平台的材料组织是实现性能化运算与数字化建造的纽带。深入量化材料性能，并且通过模拟和参数收集建立材料基本性能数据库，成为从设计过渡到建造的重要依据（图 1-22，图 1-23）。

图 1-20　钢筋混凝土屋盖结构——
罗马小体育宫

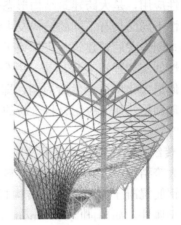

图 1-21　钢材自由曲面结构——
米兰世博中心长廊

图 1-22　2013—2014 ICD/ITKE 研究展馆

图 1-23　韩国丽水展览馆

　　有两位将材料计算运用于设计中的先驱者。其一，约瑟夫·阿尔伯斯（Josef Albers），他反对基于专业技术知识建立的物质化过程，称其扼杀了创造性，与此相反，他认为材料变化本身为发展新的结构模式和建筑革新提供了一个创造性的契机[15]，并在包豪斯及其后的黑山学院开创了以材料实验丰富设计流程的研究课程。其二，奥托，其在斯图加特大学开展的"找形"实验，可被视为基于材料的指导性设计方法。其系统性地研究了不同材料的行为特征以找出特定的形态，这些形态是外在作用力和内在约束力在系统内相互作用至平衡状态时的外在表现[16]。从网壳等精确定义的结构到沙子等自然形成的颗粒状物质，奥托广泛调查了各种材料系统地研究其自生形能力。其初始的研究宗旨是探索从材料性能出发生成建筑设计的可能性，以突破以往追求形式或空间的设计方法。

　　复合材料性能的固有属性包括物理属性、感官属性与加工属性。其中，物理属性，如材料的强度、刚度、相对密度、热塑性、热惰性等；感官属性，如色彩、肌理、质感、气味等；其次是指对材料加工工艺的研究，材料性能决定了材料的加工方式、材料的几何属性、材料与材料的连接方式，包括针对制作工艺、加工手段、连接构造方式等在内的传统工艺的学习和分析，针对不同材料建立材料工艺工具包，作为设计与建造的重要基础。

1.3.3　从手工建造到数字构型

从系统科学的角度讲，构型是结构系统内部相对稳定的组织形式，是结构系统诸元素之间相互关系、相互作用的总和[17]。数字技术的发展是大跨建筑形态转向自由化的最基本的动因，而数字技术的日益发展与逐渐增多的建筑问题形成了当下建筑领域的重要课题[18]。随着数字技术的深入发展，大跨建筑设计发生巨大的改变。以传统手工建造为主的建筑工程逐渐以数字技术作为更新。不同的技术手段直接影响建筑形态与结构形态的设计构造。

1. 手工业时期的成熟与专业分化

在古代，科学知识以哲学的形式而整体存在，手工业时期的艺术、建筑、结构、技术、材料、数学、装饰等方面的内容都由一人或几人共同负责，如此建筑师即是一个系统化的设计工厂，外界的信息经由其内在系统化的思考，最终整体化的建筑作品得以建造；而后，随着人类对世界的条分缕析的深入认识，近代科学开始了学科的分化，从而出现了职业的分化，出现了建筑师、结构工程师、设备工程师、项目预算师等，每一学科都得到了飞速深入的发展，然而，却常常造成支离、脱节的现象，多专业的配合度成为衡量建筑作品优秀与否的指征。

2. 数字技术的深入发展

与此同时，数字技术的发展逐渐走向多样化，针对不同问题而研发的数字技术种类繁多，只有全盘地了解与综合运用才可以发挥出其强大的能量。魏力恺等人提出建筑数字技术三原色（图1-24），即分别从建筑形式、性能及建造三个方面对数字技术进行分类，从图中可知，软件之间既有各自独立的功能，又可以解决某些交叉区域的问题，清晰直观地呈现出当前建筑数字技术的应用现状，如运用Rhino、Catia和3D Printer等工具可以实现建筑与结构及建造等全产业链的信息传达与对接，避免技术流于形式化，而是从本质性作用于结构形态的非线性化。

3. 3D打印与工业机器人建造的智能实现

以3D打印技术与工业机器人建造技术为代表的数字化建造技术，对于建筑领域最大的突破在于，真正实现了建筑师亲身投入从构思到建造的整体流程之中，真正实现了材料高性能与建造高性能[19,20]。

第一，通过智能建造手段，建筑师对于材料的应用已经从被动地接受形态向

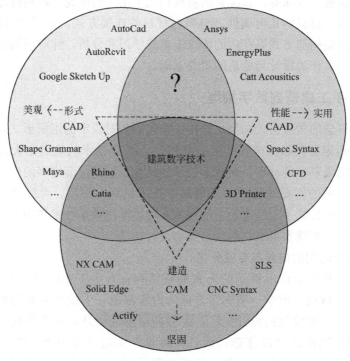

图 1-24　建筑数字技术三原色

主动地生产形态发展。将材料性能在设计之初就纳入考虑的范围，甚至针对不同建筑材料进行定制化工具研发。设计完成后，借助工业机器人建造平台，建筑师可以直接参与原型生产的过程。一切信息都将贯穿于从前期的计算设计到后期的工业机器人建造项目的全过程中，这将使建筑师对整个从设计到建造的过程的掌控都达到更具挑战的新高度。因此，基于工业机器人加工建造的研究、基于高性能建筑材料的研发与应用，将成为未来建筑设计公司的核心竞争力，同时也给予一些中、小型建筑事务所的发展机遇，强大的新材料和新工具的研发能力将在高性能建筑市场中成为独特而有力的竞争手段。

　　第二，数字化建造基于参数的操作模式，使高性能建筑的设计与建造成为一套真正连续完整的模式。由工业化发展带来的新的管理理念与方法，新的设计工具与加工、建造工具的应用，数字化建筑设计与建造逐渐从传统模式向定制化、智能化转变，同时形成了具有数字化建造属性的新思维，并且出现了一些转变的现象，例如，建筑行业从劳动力密集型向设备密集型转变，建筑完成度从粗放式加工转向精确化与预制定制化。正如 BIG 的联合创始人凯-乌韦·伯格曼所倡导的，建筑行业步入"制造革命"时代，机器人改变了设计建造方式。未来的产业将转向云设计与建造资源整合、高度定制化的设计与预制的需求与服务，因此，高度信息化的设计与建造手段将会是以机器人为主要技术依靠的高性能建筑的未来。

3D 打印技术除了在实体建筑的加工和建造方面，还在艺术及设计创新领域得到了一定的发展（图 1-25）。美国麻省理工学院内利·奥克斯曼（Neri Oxman）教授及其研究所（The Mediated Matter Group）利用计算设计和数字化制造的交叉研究，将材料科学、合成生物学等应用到跨尺度的设计中，通过实现高度定制化和通用性、环境性能集成和材料效率，加强自然和人造环境之间的关系，如漫游者（Wanderers，2015 年）系列作品，受到自然生长的启发，从种子形式开始，将 3D 打印与原位合成生物学相交叉，探索可以扩展和生长的物质结构，创造出在不同太空环境中可穿戴的设备[21]（图 1-26）。

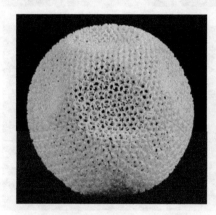

图 1-25　艺术家 George W. Hart 的 3D 打印作品《球与锁链》（Ball and Chain，2009 年）

从建造能力来看，工业机器人在建造尺度及开放性方面，具有更大的优势：（1）尺度。数控机床 CNC 具有外包工厂的限制与束缚；3D 打印机从打印小尺度模型到打印足尺度工业产品原型或者建筑构件，对于巨大尺寸模型需要极其昂贵的大型设备，往往超出接受范围；机器人尺度为超出桌面级 CNC 的加工尺度，具有移动能力。可将机器人设置在工作区正中间而非工作区周围，由简易叉式升降机将其抬高，既节省空间，又确保了布置设备时能够具有更大的灵活性。（2）开放性。工业机器人建造提供的是一个开放的、数字化的工作平台，这种开放性是工业机器人建造方法的核心。机器人能胜任各种加工工作的基础在于其工具端的开放性，使用者可以根据自己的要求更换机器人的工具端，来完成不同的加工任务。工具端的开放性的设置，降低了使用者进行操作的门槛。建筑师对工业机器人建造的理解不能仅仅认为机器人是一个可以代替手工加工的高精度机器，其基于数据的高度开放性与可适应性才是建筑师应该认识的一点。在这个平台上，所有的工具都可以被选择，依据加工步骤，加工工具随时更换；所有的加工指令都依据几何逻辑与建造逻辑被数字化，可以通过修改参数进行调整。

从数据交换来看，针对工业机器人研发的创新型工艺要求开发全新的建造策

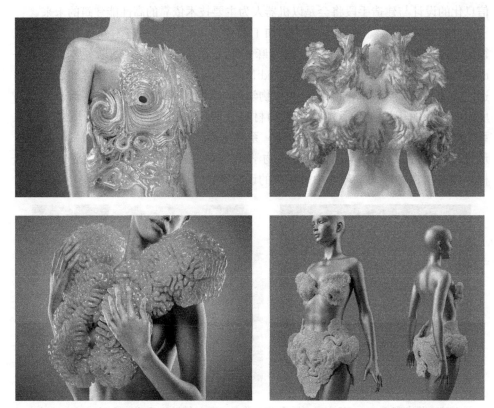

图 1-26 内利·奥克斯曼的漫游者（Wanderers）系列作品：Zuhal——土星漫游者、
Otaared——水星漫游者、Qamar——月球漫游者、Mushtari——木星漫游者

略或数据交互界面，以便将数据输入其他特定软件。新的工具，如 KUKA | prc
及 HAL，使得建筑师、艺术家及设计师可自己定义及优化这些过程。Grasshop-
per 是一种十分便利的可视化编程环境，通过结合所包含组件，可以创建一个参
数定义，将工具路径转换为 KUKA CAMRob 可读取的 5 轴 G 代码；在定义后再
进行进一步的强化，以直接书写 KUKA 机器人语言并包括正逆动态仿真方案，
以预览机器人的运动。最后，还为 Grasshopper 创建了一系列机器人专用组件，
以 KUKA | prc 的参数化机器人控制插件的名义进行了出版，该插件首次于
ACADIA 2010 上对外发布。新的编程界面为富有创造力的用户提供了超出行业
标准的建造方法。

苏黎世联邦理工学院格拉马奇奥与科勒研究中心（Gramazio Kohler Re-
search）中诺曼·哈克（Norman Hack）与威利·维克多·劳尔（Willi Viktor
Lauer）共同合作完成网模（mesh mould，2012 年~2014 年）项目（图 1-27）。
在该项目中，加固及模板制作这两个独立过程在现场机器人制作过程中得以合二
为一，节省了混凝土结构所需费用的 60% 以上。现场直接挤压模板在简化流程

的同时，可应对更复杂的几何结构。由于材料用量被降为最低，此种方式最大化创造了能效。在当前情况下，机器人挤压工艺可处理各类热塑性材料。从熔融层积到空间挤出的打印概念转变有重要意义。前者为通用型，多数用于形式的表现；而数字控制的空间挤出则可针对不同的建筑结构，并可同时减少生产时间及产品重量。这种3D网络结构可以通过机器人打印出来，这种方法不会产生任何垃圾，并且能在不产生额外成本的情况下提供足够的几何复杂性。

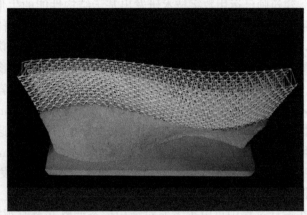

图 1-27　网模（mesh mould，2012年~2014年）

1.4　"态"的扩展

随着非线性建筑的发展，建筑性能成为评价建筑的重要因素。形式所能表现出的内在意义逐渐转移到建筑本身的性能以及存在的伦理意义层面。无论是结构性能、环境性能还是行为性能，都将成为寻找形式意义的有力出发点。借助数字技术，设计与建造双方面可以形成一个很积极的交互，这将从本质上影响未来建筑的设计、建造方法及价值观——高性能植入成为一体化建筑设计与建造方法的核心。

"态"即性能（performance），为有序本质，是系统所具有的性能，包括结构性能（structural performance）（结构效率、设计生形、加工建造）、空间性能（spatial performance）（功能体量、物理环境、精神需求）、美学性能（aesthetic performance）（文化审美、艺术情感、象征引喻）（图1-28）。

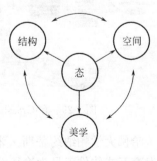

图 1-28　"态"的三个要素

1.4.1 更高效的结构性能

狭义的结构形态之"态"指结构性能，应包括结构的受力状态、适用性及结构效率等内容。从结构力学层面来看，在大型建筑外维护结构中，外加荷载主要是分布荷载而不是集中荷载，因此，活性模式几何形状是曲状的[22]，也就是说非线性形式更符合结构的力学逻辑。

建筑师已运用数字技术研发出基于结构性能的生形工具，创建具有高性能、高适应性和动态性的结构系统。非线性结构形态的研究应顺应结构性能生形时代，在建筑设计过程中，建立结构性能模型，通过模拟、分析、计算、优化结构性能，生成具有力学合理性、高效性、多目标性的新形式。

目前，应用较多的结构性能生形方法包括物理力学模拟和拓扑结构优化。例如，由丹尼尔·派克尔（Daniel Picker）研发的 kangaroo 插件是一款参数化平台的物理引擎，可将计算机参数与现实世界中的物理性能相链接，模拟复杂的力学环境；波林格·古哈曼工程事务所（Bollinger Grohmann Engineers）基于有限元法对结构体系进行系统分类和精密模拟，从而研发出 Karamba 3D 插件，将结构力学分析这一曾经只有专业工程师具备的能力普及到建筑师领域，使建筑师在设计过程中可以很方便对结构形态调整并及时观察结构力学的合理性（图1-29，图1-30）；谢亿民在渐进结构优化算法上发展出双向渐进优化算法，通过结构移除或添加材料使结构性能达到优化的状态，并成为建筑形态设计的优化工具。

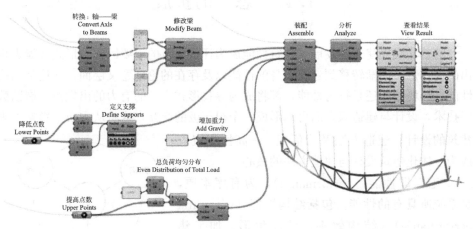

图 1-29　在 Grasshopper 平台中运用 Karamba 组件进行力学分析

哈佛大学帕纳约蒂斯·米哈拉托斯（Panagiotis Michalatos）教授致力于以开发交互式软件工具为途径而重构建筑学与工程学之间的关系，并基于有限元分析和拓扑优化方法开发了 Millipede 及 Topostruct 等结构性能分析工具。其中，

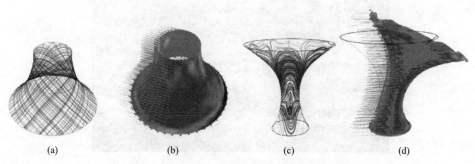

(a)　　　　　　　(b)　　　　　　　(c)　　　　　　　(d)

图 1-30　Karamba 中水平荷载作用下壳体受力模拟

(a) 主应力线；(b) 材料利用；(c) 力流线；(d) 位移结构

基于 Grasshopper 平台的 Millipede 力学插件的创新之处在于对分析结构的几何化提取与可视化展示，从而实现与结构形式的参数化连接。例如，运用 Millipede 对曲面结构进行正应力分析，并将分析结果进行几何优化，并在这一过程中调控正应力几何曲线的密度和粗细，最终生成的结构图案不仅能够表征曲面的结构性能，同时还可以作为结构网架找形的依据（图 1-31）。由扎哈·哈迪德建筑事务所（Zaha Hadid Architects）与波林格·古哈曼工程事务所共同合作的第 5 届中国国际建筑艺术双年展展亭（CIAB Pavilion，2013 年），就是将结构优化后的力流几何图案重新诠释菲利克斯·坎德拉（Felix Candela）的壳体结构作品，如同结构雕塑一般对结构中的力流进行诠释和表达（图 1-32）。

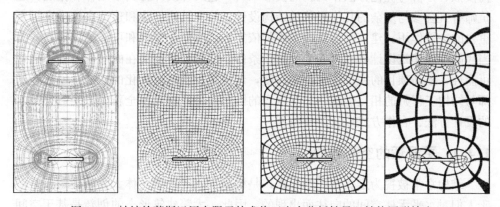

图 1-31　帕纳约蒂斯运用有限元技术将正应力分析结果以结构图形输出

福斯特建筑事务所 SMG 研究组的主要建筑师杰思罗·韩（Jethro Hon）运用计算技术将复杂几何形态、建造与建筑表现融为一体，并为意大利家具制造商德易家（Molteni）设计了一款先锋性的德易家弧形桌（Molteni Arc Table，2010 年），其桌下部支撑部件为三维曲面结构。图 1-33 为该三维曲面结构的几何形式与结构力学相调节的过程。

图 1-32　第 5 届中国国际建筑艺术双年展展亭（CIAB Pavilion，2013 年）

图 1-33　德易家弧形桌（Molteni Arc Table，2010 年）

这种结构性能优化过程，使结构与建筑设计之间更具有互动性与适应性。在建筑师和结构工程师之间建立起一个协同平台，实现创新性的合作方式。借用结构模拟、分析与优化方法作为新的找形工具，建筑师设计得到了延伸和拓展，建筑师有机会参与复杂的几何形状的结构设计，并在结构优化和建造实施中发挥更重要的决策作用。建筑师和结构工程师依靠各自的专业逻辑和可靠的设计直觉为当代高性能建筑设计创造出必要的前提条件，并相互激发潜在的结构特性和建造可能性，提高项目的完成度和控制程度，建筑本身获得更优化的性能。通过建筑师与结构工程师的相互促进、相互融合的协同设计，涌现出全新的依托数字技术的设计方法、合作方式以及工作流程。

1.4.2　更舒适的空间性能

结构常常被视为定义空间的元素，是构成空间的物质实体。大跨建筑正是源于人们对水平无柱空间的向往而出现的，因此，大跨建筑形态的创新是基于空间性能的需求而变化的，绝不可本末倒置。自由流动的结构形态应是建筑形象与内部空间一体化的综合表达，避免为片面追求建筑外部形象而不顾及内部空间的功用效率，更不可违背结构的真实与效率，三者应是统一而丰富的。

对于空间来说，不同于普通居住办公空间，大型集会空间尺度更难以把握，且其把握难度与技术复杂度也较高。对大型空间的性能需求从三个方面对其分解，依次为功能体量（跨度、高度、面积、形状）、物理环境（光环境、风环境、热环境、声环境等）与精神需求（空间带给使用者的空间感受，如震撼、肃穆、舒适、压抑等）。由于大空间的特殊性，多样且差异的空间需求带来的问题是复杂的建筑构思目标，导致传统构思难以科学权衡多目标要求。因此，自由流动的结构形态可以更加迎合其空间性能需求，可以通过计算机技术寻求结构形态与空间形态之间的合理关系，从而生成具有空间性能的大跨建筑。

1. 形式拟合空间功能体量

结构系统扮演组织空间的主要角色，呼应空间体量变化，即围绕空间组织的结构策略选择。

自由流动的结构形态应是内部空间体量的真实表达，非线性的形态源自对空间需求的契合，反对为片面地满足建筑师主观意愿而造成建筑外部结构与内部空间严重脱节的现象，避免屋盖结构内部空间过大从而造成设备负荷过大导致能源浪费。澳大利亚考克斯建筑事务所（Cox Architects）近年来关注于"优先化"（optioneering）的设计原则，在数字化设计中探索将空间、技术、设备等工作流程纳入最初的设计构思之中[23]，取得了很好的成绩。其中，考克斯建筑事务所在 2014 年完成的中国台湾高雄展览中心（Kaohsiung Exhibition Center），是带动高雄老港口复兴的领军项目。其建筑总面积为 60000m²，屋盖为自由曲面网壳结构体系，结构中间凹进去的部分是经过充分考量的结果（图 1-34）。第一，其凹凸的形态呼应了连接左右两侧大型空间的公共步行街的宜人体量，避免内部空间过大造成的浪费；第二，曲面结构变化可缓解海边的风荷载及预期内的地震荷载，并更易于引入自然采光和自然风；第三，浪漫自由的结构形态仿佛一只即将展翅的海燕，并带给所有来访这里的游人一种欢迎的姿态。

图 1-34　中国台湾高雄展览中心

非线性屋盖与体育建筑空间契合的另一项成功案例是考克斯建筑事务所在 2010 年完成的墨尔本矩形体育场（Melbourne Rectangular Stadium）项目，水泡形的仿生球状网壳结构的灵感来源于富勒的网格球顶概念，并依据矩形座席空间形态计算从而生成科学理性的屋盖结构（图 1-35）。一方面，屋盖使用钢材精巧，较一般的悬臂结构节省了 50% 的钢材；另一方面，独特的悬臂设计能够给予下面的座位绝佳的视线。另一个亮点是屋盖结构与表皮、设备的整合，结构网格上装配的数以万计的 LED 灯可以展示各种不同类别的动态及静态图像（媒体）[24]；像素化的结构网格上覆盖了三种材质的表皮，玻璃、金属和天窗，并依据内部空间采光需求不同而呈渐变布置，表皮与设备在建筑构造上的表现也成为建筑理念表达的一部分。

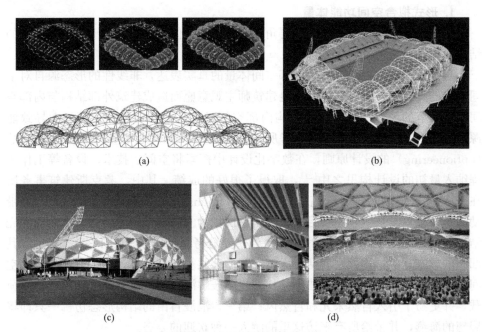

图 1-35　墨尔本矩形体育场

(a) 参数化模型；(b) 体育场模型；(c) 建成表现；(d) 结构和空间的关系

2. 形式调节空间物理环境

大空间是大跨建筑比较独特的空间属性，巨大的空间体量仿佛一个微缩的城市，结构演变成空间的生态界面。光环境、风环境、热环境、声环境等物理参数自下而上地影响设计，依据性能而生成复杂的结构形式，实现建筑形态与使用者舒适度之间最大限度的协调性。这种物理性能的适应体现了数字化设计的精髓，强调设计过程而非结果，强调建筑更加理性、高效和智能的发展方向。

（1）自然光与自然通风的引导。2012 年，由蓝天组（Coop Himmelblau）设计的大连国际会议中心在大连市东部港区落成，成为大连市主中轴线终点处的地标性建筑。该建筑容纳了 1 个 2500 座的大型会议中心、1 座 1600 座的影剧院，还包括中小会议厅 8 个、小型会议室 28 个、多功能贵宾厅 2 个，其总建筑面积达 117650m²。整个结构外壳将内部功能空间包裹起来，内部的会议空间几乎要破墙而出，形成了一种张扬多变的建筑形象。该结构十分复杂且超出现行建筑设计规范，因此，需要管理者制定专门的性能化目标进行调控。蓝天组应用一套数字计算工具（SAP2000、Ansys、STCAD）对其进行分析演算，最终实现了宏伟的巨构。除围合空间之外，如此复杂的结构形态还具有实现绿色建筑及可持续建筑的目标。在其构思阶段充分考虑视线设计、自然光及自然通风的需求，因此，大连国际会议中心的结构外壳还有调节室内微气候的作用，并结合海水源冷媒制冷技术从而成为低能耗的绿色建筑（图1-36）。整个形态是扭曲流动的，每变换一个角度所观察的内容都是完全不同的，其表皮的构成方式也如此。从结构表皮构成方式来看，一共包含三种表皮构成方式，配合着视线、采光与通风设置在整个建筑形态的不同部位。

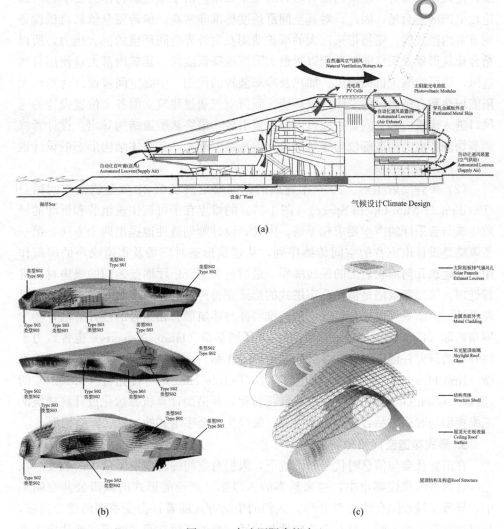

图 1-36　大连国际会议中心

（a）室内微气候调控分析图；（b）结构表皮布置；（c）屋顶结构构造

从视线方面来看，由于建筑内部空间较为复杂，如珍珠般散落在中庭外围，因此，设置简短便捷的连接空间即可提供休息放松的休闲空间，在非正式的休闲空间中，着重通过结构及表皮的设置连接内部与外界的视线关系，降低了封闭空间带给人的压抑感，使与会人员可以欣赏大连市现代化的城市风貌。

从自然光的引入来看，锥形的屋盖结构覆盖了建筑中庭、剧院及多个会议中心，其结构构造形成的鱼鳞片的平行角度可以将自然光引入建筑内部。一方面可以降低照明能耗，另一方面为使用者创造良好的空间环境及积极的心理感受。

从自然通风的引导来看，结构整体设计与机械通风设置完美地配合成一个系统，使该建筑成为一座室内混合动力的微型城市。由于该建筑将作为夏季达沃斯论坛中国区主会场，因此，对其空间舒适度标准非常高。如若完全依靠机械设备调节室内微气候，则将带来巨大的维护费用及对外界空间环境的巨大压力，所以结合建筑形象及天然能源利用以尽最大限度地降低能耗。建筑内部大量使用自然通风，尽可能减少机械通风、加热及冷却装置的使用。中庭空间被设计为利用太阳能加热和自然通风的二级气候环境。新鲜空气通过建筑立面各个位置设置的通风口进入建筑内部空间，再通过内部设置引导，最终从屋盖结构导出。设计者将调节物理环境的构造部位与建筑形象完美地结合起来，其整体结构形态的设计也顺应了风流动的结果。

（2）声音反射生形。2010 年建成的德国慕尼黑场馆 21 微型歌剧空间项目（Pavilion 21 Mini Opera Space）（图 1-37）的难点在于可被快速组装和拆卸的轻质建筑与音乐厅的声学要求相矛盾。因此，设计师创造性地提出两个方法，第一条策略是设计出声音的空间传播序列，从建筑形态对广场及街道噪声的屏蔽作用，到建筑几何形状表面的偏转降噪，最后是利用音乐厅墙壁表面的吸声材料进行处理。第二条策略是借助金字塔式的形式完善声音的反射和吸收以实现声学景观设计，声学景观设计是将音乐的三维特性与建筑形态相结合的设计方法，勒·柯布西耶（Le Corbusier）和伊阿尼斯·泽纳基斯（Iannis Xenakis）也曾致力于该领域的研究并创作了菲利普展厅和窗户等作品。设计师选取了吉米·亨德里克斯（Jimi Hendrix）的歌曲《紫色薄暮》（Purple Haze）与莫扎特（Mozart）的《唐璜》（Don Giovanni）片段进行音频转化，并借助计算机参数化设计将建筑的三维模型与音乐作品音频分析相融合，最终生成金字塔式的"锥状"结构形态。

3. 形式塑造空间精神需求

在消费社会与信息时代的新语境下，人们对空间的需求发生巨大的改变。在充斥着消费的现代都市中，越来越多的人以第三产业的形式向城市公共空间集中，导致了城市综合体的产生[25]。人们的生活方式随着社会变革而悄然变换着，与以往有很大的不同，具有自适应性与他适应性的开放空间才能更好地适应未来的需求。

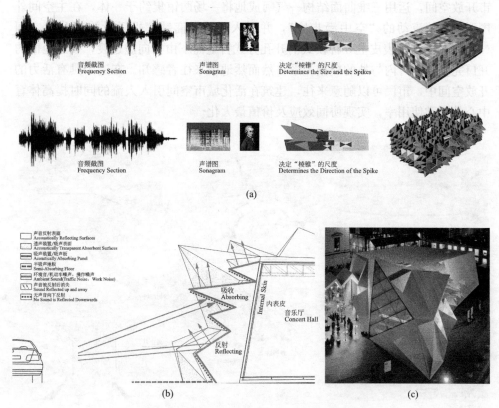

图 1-37 德国慕尼黑场馆 21 微型歌剧空间
(a) 脚本概念图解；(b) 建筑剖面和声效概念；(c) 建筑外观

　　首先是大跨建筑空间功能的更新，不再拘泥于封闭的、单一的建筑类型，而是多个开放的、边缘模糊的区域空间。其巨大的体量由包括多样复合功能的开放空间构成，或以某种功能（体育）为主、辅以其他功能（展览、商业、观演、休憩等），或者多个同类空间并置，抑或是确定与不确定空间的混杂。其次是使用者对公共空间提出的体验式需求。A·H·马斯洛（Abraham Harold Maslow）对当下消费文化下的人类行为归结为向"自我实现"靠近，并提出人们的消费行为逐渐从满足单纯的功能性需求消费转向具有多元复合的体验式消费[26]。当空间成为特殊商品参与消费，则更为注重消费者的精神享受与情感体验，为使用者提供多样丰富的体验式空间；这种空间将具有开放式的空间特质，为人们提供了随意、自由的情景交融氛围；同时，消费方式的身份认同也对空间品质提出更高的要求，强调风格化与时尚化。

　　佐藤综合计画与北京市建筑设计研究院合作设计的深圳湾体育中心（2010年建成）是以体育场馆为主的城市综合体。由于其所处深圳商业新引擎的南山CBD商圈，因此，该项目被设计为具有开放性的建筑风格。建筑师有意倾向城市开放空间，运用三维曲面结构一气呵成地将一场两馆集约于一体，在主空间外围形成连续流动的"空中漫步廊"，并融入餐饮、商铺、娱乐设施等公共空间（图1-38）。结构表皮上5种模式的开孔方式自上而下由实向虚过渡，接近地面的开口完全镂空，内与外的模糊关系自然而然地被来往者感知。在这个具有活力的开放空间中，市民可以随意来往，建筑在活化城市空间引入人流的同时提高体育中心的日常使用率，实现协同效应及价值最大化。

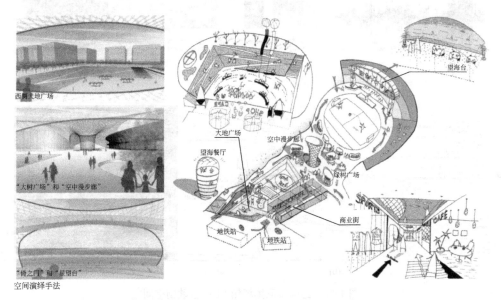

图1-38　深圳湾体育中心空间演绎手法

　　结构形态的丰富化为人们提供了更多样化的空间体验。2014年交付使用的盖达尔·阿利耶夫国际机场（Heydar Aliyev International Airport），其室内布置了尺寸各异的自由结构形态的"木茧"空间，传达阿塞拜疆人的热情好客，打破了传统机场的空洞空间感和不带个人色彩的空间体验。不同的"木茧"中容纳了多家咖啡店、商铺和其他设施，成为大型交通枢纽中富有魅力、引人注目的景观，挑战了人们对机场环境的预期。极具特色的"木茧"，开启旅客的发现之旅，并为人们的会面和休息提供了场所，给人带来别样的空间体验。

　　伊东丰雄与塞西尔·巴尔蒙德合作的台中大都会歌剧院（Taichung Metropolitan Opera House）（2014年）通过建筑形态算法设计表现出独特的艺术风格。该建筑是由2014座大剧场、800座中剧场及200座实验剧场三个主要功能空间组成的综合体，同时设置艺术广场、艺术工作坊、餐厅及屋顶花园等服务设施。在家庭影院普及的时代，建筑师对剧院建筑概念进行重新思考，试图创造一种可以体现舞台艺术特质的建筑空间，一种可以将观众、演员、艺术及音乐等融于一体的艺术空间，于是引入了"声音的涵洞"作为设计构思的灵魂。塞西尔·巴尔蒙德对涵洞原型进行深入分析，并运用衍生式途径将涵洞原型连续生长成为具有纵横管状的流动性空间，并将所有功能空间融合成一体（图 1-39）。该涵洞结构形式既简约又具有灵活性，每一个涵洞空间都可以根据其空间体量的不同进行拟态。该项目的结构设计具有极大的创新价值，连续流动的表面由一种可喷射的混凝土制成，其后工人们会用一种稍微不同的混凝土做些调整，整理出设计所需要的具体形状和大小。对于如此大体量的公共建筑来说，要建造如此多变的建筑形态十分复杂，然而其所创造的艺术价值是不可比拟的。

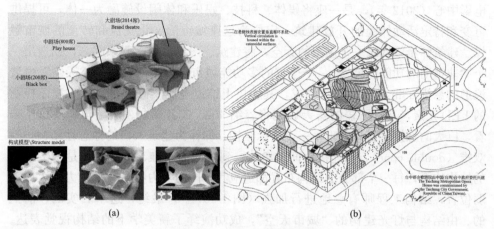

(a)　　　　　　　　　　　　　　　(b)

图 1-39　台中大都会歌剧院

(a) 涵洞分析理论；(b) 轴测分析图

1.4.3　更丰富的美学性能

人们对建筑的审美体验是通过视觉及大脑共同完成的，首先视觉要作用于具体的建筑形式及其组织方式，而后大脑对其进行审美加工则要受控于个人的情感方式与艺术修养或理解方式[27]，因此，可以说审美评价是一种体现个体的美学追求与美学价值的行为，是一种仁者见仁、智者见智的具有个性化的行为。纵观古今，建筑形态不断创新多变，而每一种潮流都是社会文化及技术发展的积淀，建筑艺术的表达和实现技术是不可分开的。当下的建筑界已呈现出多元化的审美观，形式追随功能、形式追随生态、形式追随性能，可见美学观随着数字技术的发展正在发生着进化和更迭。

差异带来多样性，建筑形式的差异和多样性所带来的视觉活力，迎合了人们对于生机的向往[28]。对于结构形态的创作，每一位建筑师都在其作品中融合了主观的美学素养，因此，形成了风格各异的建筑形态。例如，日本建筑师坂茂（Shigeru Ban）是一位极具社会责任感的建筑师，其运用纸管及膜材创造性地为人们建造自由曲面的大空间避难建筑，体现了建筑伦理和美学意义；扎哈·哈迪德的作品具有强烈的时尚风格、连续流动的空间感及具有张力的建筑体量；弗兰克·盖里（Frank Owen Gehry）一直寻找的运动模式，如鱼身扭转曲面成为其特有的动势语言；伊东丰雄更偏重东方生命哲学，强调从自然中感悟，其作品透明、轻盈。然而，从普遍性分析，非线性结构形态的审美特点主要表现为结构的动态化与网格化。

1. 结构动态之美

蓝天组为釜山电影中心和釜山国际电影节（BIFF）举办地设计的韩国釜山电影中心（2012 年），是一座将媒体、科技、娱乐和休闲设施融为一体，可提供可变和特定活动体验的开放建筑，定位为这座城市的文化交流和转型的城市触媒。建筑师希望构筑一个虚拟的天空，将建筑、广场、城市联系起来，创造出一个"非透明的功能区域"，一个连贯的多功能城市公共空间。这个"天空"由波浪形的悬挑 85m 的巨型屋盖构成，其表皮上饰以金属质感和由计算机程序控制的 LED 元素，其所覆盖的露天影院将容纳 4000 多名观众。从结构理性角度来看，巨大的悬挑屋盖只有唯一一个支承结构，即作为建筑入口的标志性结构——双锥（double cone），从连接地面的墩体、到竖向的双锥、再到屋盖是一个完整的结构体系，每一个部分的结构布置都适应其不同的受力特点，在受力较大或薄弱位置，结构工程师有意地进行加强（图 1-40）[29]。最终，这个真实的、前卫的、由结构与灯光建构的"城市天空"，成功演绎了新美学下的结构视觉表达。其中，非常规的、夸张的结构表现与光怪陆离的灯光效果结合，创造出动感并极具张力的视觉体验。

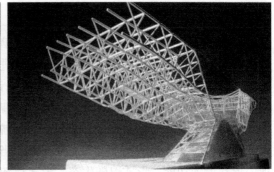

图 1-40　韩国釜山电影中心悬挑大屋顶

新科技和新美学下的大跨建筑结构体系已经发生变异，传统、清晰、明确的结构体系已趋于模糊化，传统裁剪组合的结构手法已趋于一体化。扎哈·哈迪德在 2012 年的国际竞标中赢得了日本新国立竞技场（New National Stadium Tokyo）的设计权，该体育场将承办 2020 年奥运会和 2019 年橄榄球世界杯赛。其最初的方案中建筑外形使人联想体育竞技比赛的速度之美，建筑师基于此方案对 21 世纪的城市建筑做出了完美的诠释。屋盖结构源自对东方古建筑中的拱桥结构，包括整体的拱形和桥面底部的横隔状搭接结构肌理。抽象来看，整个结构是由 2 条主拱构成，再由 8 条主肋连接主拱和水平圈梁结构，撑起整片屋盖。建筑师运用其自身的建筑语言对其进行表达，整体结构呈现出变异式的仿生形态，流动，具有张力，杆件之间的连接类似于生物骨骼，自然过渡并且有力量（图 1-41）。然而，该异于传统的建筑方案引发了多次全球性争论和多次官方请愿，迫于压力，扎哈·哈迪德发布了"淡化"后的效果图，却也失去了最初的竞速之感。最终，由于预算不断膨胀到 2520 亿日元，在 2015 年 7 月日本首相安倍晋三宣布终止该项目的建造计划。

图 1-41　日本新国立竞技场

　　扎哈·哈迪德建筑事务所同 Aecom 工程公司合作设计的卡塔尔新体育场——阿尔沃克拉体育场（Al Wakrah Stadium），将作为 2022 年卡塔尔世界杯主赛场之一（图 1-42）。该体育场将容纳 40000 座，其屋盖结构模仿阿拉伯国家传统的渔场形象，结构形态充分考虑当地高温气候以及刺激的阳光对运动员产生的影响，因此，建筑师在结构形态设计的基础上加设机械设备，使内部温度保持在 30℃以内。整体屋盖结构形式简洁、流动、大气，极具异域风情，充满前卫、科技的数字美感，这种结构变异的建筑形象为人们带来了生机勃勃的视觉体验。

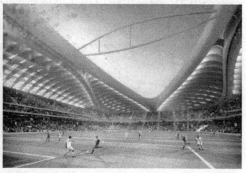

图 1-42　阿尔沃克拉体育场

2. 结构肌理之美

大跨建筑结构肌理指运用不同材质、不同形状的结构材料，通过不同组合、不同建构方式，生成多样化的结构网格形态，创造出丰富的建筑视觉效果。随着时代的更迭与技术的进步，大跨建筑美学标准向轻型化、透明化转变，也产生了结构表皮化倾向。

从视觉感受出发，人们常常被事物表面的物理特征所吸引，并产生一定的心理感受。结构肌理是以构造方式为主要的表现方式，复杂结构肌理的基础即为数字生成与数字建构。在结构肌理的变化中，包含着建筑师设计可控的参数，如结构体系、网格、构造、材料、质感、色彩等，可根据建筑象征进行综合运用。

从结构体系出发，经典的大跨建筑屋盖结构分为面作用结构体系与线作用结构体系。面作用结构体系，即表面结构，包括壳体结构与自由曲面结构，整体形态较为纯粹；线作用结构体系在非线性大跨建筑中运用得更为广泛。在非线性大跨建筑中，复杂的结构形态更多地由线作用结构体系构成，由线性结构构件依据相应的建构逻辑生成线性构件的聚合体，这种聚合体呈现出轻快、动感、韵律、多样的形式效果。

从建筑材料出发，除钢筋混凝土之外的主要建筑材料多为线性构件，如钢材、木材、竹材，还有应用纸管建造的实验性空间建筑。非线性建筑设计的另一种精神即是拓展性地理解材料、创新性地运用材料，将材料的内在属性展现出来，包括形态、功能、耐久性、循环利用、安装方式和性能标准、质感、色彩等，追随材料本质的美学表达并适应性地进行结构形态的设计。

从美学表现出发，非线性结构肌理呈现出像素化的特点（图 1-43）。在伦敦蛇形画廊展亭（Serpentine Gallery Pavilion，2013 年）的设计中，藤本壮介（Sou Fujimoto）建筑事务所选用截面宽度为 2cm 的线性钢构件相互搭接，形成了一座覆盖 350m^2 的纤细、精致的三维网格结构体。人们置身其中仿佛感觉不到建筑的重量，并与自然完全融合起来（图 1-44）。在西班牙塞维利亚城市中巨大的太阳伞，通过木结构相互搭接而成的网格化形态，极大地削弱了其巨大的体量（图 1-45）。

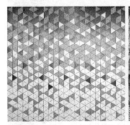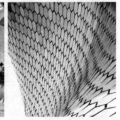

图 1-43 视觉要素的像素化

图 1-44　伦敦蛇形画廊展亭　　　　图 1-45　西班牙塞维利亚大都会太阳伞
（Serpentine Gallery Pavilion，2013 年）

结构网格的表现可以千变万化，引导创作丰富、复杂的大跨建筑形态，然而，结构网格仅是结构肌理中的一个变量，除此之外，还有结构材料、质感、色彩、构造等，单一变量的改变或者多个变量的相互组织更将带来无比丰富的创作空间。在数字技术发展到强大而无处不在的时期，我们不应盲从，不应因形式而形式，因为那将是空洞无味的。将大跨建筑与空间结构置于整体环境之中进行全盘考虑，进行适应性思考，从而创造性生成的结构形式才是我们需要的，才有可能达到数字技术与人类情感的升华。

1.5　本章小结

本章对大跨建筑非线性结构形态进行解析，是全书的基础理论研究部分。第一，对大跨建筑及结构形态进行特质解析。分析得出，大跨建筑的三个设计特点为大跨度、大空间和高关注度，两种设计追求为对舒适和美观的追求；明确了结构形态在大跨建筑中的核心角色地位，并揭示结构形态所承担的三种重要职能，分别为技术职能（物质实体）、空间职能（空间界面）和美学职能（审美对象）。

第二，运用语义分析法对结构形态学概念进行扩展。首先，将结构"形"与"态"之间的关系演变为线索，揭示出"形"与"态"之间的非线性关系，明确提出非线性结构形态混沌外显实则是有序本质最大限度深化呈现的结果。其次，将结构形态学的适应范围从结构领域扩展到建筑领域之中，并对"形"与"态"概念进行扩展，其中"形"的三个要素分别为几何、材料与构型，"态"的三个要素分别为结构性能、空间性能与美学性能。最后，通过分析得出新几何、新材料和新技术是非线性结构形态发生的动因，与此同时，新时期下对结构性能、空间性能与美学性能的需求对结构形态的创新具有调控意义。

当下，大跨建筑创作中的非线性形态表现尤为突出。面对这种现象，传统的大跨建筑及结构形态的设计理念与方法不完全适用，亟待新的理论进行支撑。

1.6 参考文献

[1] SCHODEK D L. Structures [M]. 2nd ed, Upper Saddle River：Prentice Hall，1992：2-3.

[2] CHARLESON A W. Structure as architecture：a source book for architects and structural engineers [M]. New York：Routledge，2014：1.

[3] 斋藤公男 . 结构形态的发展与展望 [J]. 苏恒，译 . 时代建筑，2013（5）：32-39.

[4] 克里斯汀·史蒂西 . 建筑表皮 [M]. 贾子光，张磊，姜琦，译 . 大连：大连理工大学出版社，2009.

[5] 史立刚，刘德明 . 大空间公共建筑生态设计 [M]. 北京：中国建筑工业出版社，2009：13.

[6] 斋藤公男 . 空间结构的发展与展望——空间结构设计的过去·现在·未来 [M]. 季小莲，徐华，译 . 北京：中国建筑工业出版社，2006：118.

[7] 斋藤公男 . 空间结构的发展与展望——空间结构设计的过去·现在·未来 [M]. 季小莲，徐华，译 . 北京：中国建筑工业出版社，2006：125.

[8] 沈世钊，武岳 . 结构形态学与现代空间结构 [J]. 建筑结构学报，2014，35（4）：1-10.

[9] MOTRO R. An anthology of structural morphology [J]. International journal of space structures，2010，25（2）：135-136.

[10] 沈世钊，武岳 . 结构形态学与现代空间结构 [J]. 建筑结构学报，2014（4）：1-10.

[11] 埃德加·莫兰 . 复杂性思想导论 [M]. 陈一壮，译 . 上海：华东师范大学出版社，2008.

[12] FULLER R B. Synergetics：explorations in the geometry of thinking[M]. New York：Macmillan Publishing Company，1975.

[13] 王风涛 . 基于高级几何学复杂建筑形体的生成及建造研究 [D]. 北京：清华大学，2012：22.

[14] 渡边邦夫 . 结构设计的新理念·新方法 [M]. 小山广，小山友子，译 . 北京：中国建筑工业出版社，2008：22.

[15] HOROWITZ F A.，BRENDA D. Josef Albers：to open eyes [M]. New York：Phaidon，2009.

[16] OTTO F，RASCH B. Finding form：towards an architecture of the minimal [M]. Berlin：Edition Axel Menges，1996.

[17] 苏朝浩 . 建筑结构体系之演化特征初探 [J]. 建筑学报，2010（6）：106-108.

[18] 冷天翔 . 复杂性理论视角下的建筑数字化设计 [D]. 广州：华南理工大学，2011.

[19] 袁烽，阿希姆·门格斯，尼尔·里奇 等 . 建筑机器人建造 [G]. 上海：同济大学出版社，2015.

[20] 袁烽，阿希姆·门格斯 . 建筑机器人——技术、工艺与方法 [M]. 北京：中国建筑工业出版社，2019.

［21］OXMAN N. Neri Oxman and the mediated matter group［J］. Architecture and urbanism，2020（06）：138-159.

［22］MACDONALD A J. Structure and architecture［M］. Princeton：Architectural Press，2001：50.

［23］HOLZER D，Steven Downing. Optioneering：a new bases for engagement between architects and their collaborators［J］. Architectural design，2010（206）：60-63.

［24］Rolfe，Peter. Stadium of light［N］. Melbourne：Herald Sun，2009-08-02［2012-05-22］.

［25］张希，徐雷. 在"断裂"中生存——探寻消费和信息时代的建筑与城市的新生存方式［J］. 世界建筑，2013（1）：112-117.

［26］马斯洛. 动机与人格［M］. 许金声，程朝翔，译. 北京：华夏出版社，1987.

［27］黄源，王丽方. 差异——当代建筑形式解析［M］. 北京：中国建筑工业出版社，2015：174.

［28］伊格拉希·德索拉-莫拉莱斯. 差异——当代建筑的地志［M］. 施植明，译. 北京：中国水利水电出版社，知识产权出版社，2006：33.

［29］蓝天组. 韩国釜山电影中心［J］. 城市建筑，2012（12）：100-109.

1.7 图片来源

图 1-10：Lynn Gamwell. Mathematics and art：a cultural history［M］. Princeton：Princeton University Press，2016.

图 1-11：ROBERT M，JUHANI P. Understanding architecture［M］. London：Phaidon Press，2012：17.

图 1-12：RENE D. The geometry of rené descartes［M］. New York：Dover Publications，1954.

图 1-13：斋藤公男. 空间结构的发展与展望——空间结构设计的过去·现在·未来［M］. 季小莲，徐华，译. 北京：中国建筑工业出版社，2006：163.

图 1-14：斋藤公男. 空间结构的发展与展望——空间结构设计的过去·现在·未来［M］. 季小莲，徐华，译. 北京：中国建筑工业出版社，2006：193.

图 1-15：LYNN G. Mathematics and Art：A cultural history［M］. Princeton：Princeton University Press，2016.

图 1-16：BRADY P，XAVIER D K. About the guest-editors［J］. Architectural design，2013（2）：6-7.

图 1-17：姜竹青. 未来时的艺术构筑——瓦尔特·迪士尼音乐厅［J］. 装饰，2009（01）：80-81.

图 1-18：渡边邦夫. 结构设计的新理念·新方法［M］. 小山广，小山友子，译. 北京：中国建筑工业出版社，2008：22.

图 1-19：FARSHID M. The function of form［M］. Washington D. C. ：Harvard University Graduate School of Design，2009：248.

图 1-20：FARSHID M. The function of form ［M］. Washington D. C. ：Harvard University Graduate School of Design，2009：140.

图 1-21：FARSHID M. The function of form ［M］. Washington D. C. ：Harvard University Graduate School of Design，2009：92.

图 1-22：ICD（A. Menges）& ITKE（J. Knippers）Stuttgart University

图 1-23：https：//www. rolandsnooks. com.

图 1-24：魏力恺，弗兰克·彼佐尔德，张颀. 形式追随性能——欧洲建筑数字技术研究启示 ［J］. 建筑学报，2014（8）：6-13.

图 1-29，图 1-30：CLEMENS P. Linking structure and parametric geometry ［J］. Architectural design，2013（2）：110-113.

图 1-31：ADRIAENSSENS S，BLOCK P，VEENENDAAL D，WILLIAMS C. Shell structures for architecture：form finding and optimization ［M］. London：Routledge，2014：200.

图 1-32：https：//www. karamba3d. com

图 1-33：JETHRO H. Mathematical ensemble：molteni arc table ［J］. Architectural design，2013（2）：32-33.

图 1-34：Christopher Frederick Jones，John Gollings 摄影作品

图 1-35（a）（b）（c）（d）（e）：GLENANE P P，DIANA S，DOMINIK H，STEVEN D. Optioneering：a new bases for engagement between architects and their collaborators ［J］. Architectural design，2010（206）：60-63.

图 1-36：凤凰空间·北京. 蓝天组——世界著名建筑设计事务所 ［M］. 南京：江苏人民出版社 . 2012：188-201.

图 1-37：凤凰空间·北京. 蓝天组——世界著名建筑设计事务所 ［M］. 南京：江苏人民出版社 . 2012：48-59.

图 1-38：谢少明，康晓力. 春茧——深圳湾体育中心设计解读 ［J］. 建筑学报，2011（9）：79-80.

图 1-39（a）：台中市政府. 台中大都会歌剧院 ［J］. 建筑创作，2014（1）：80-125.

图 1-39（b）：Farshid Moussavi. The function of style ［M］. Harvard university graduate school of design，Actar and functionlab，2014：465."

图 1-40：凤凰空间·北京. 蓝天组——世界著名建筑设计事务所 ［M］. 南京：江苏人民出版社 . 2012：182-187.

图 1-41：张良钊，李兵. 日本建筑的价值判断——新国立竞技场竞赛引发的思考 ［J］. 建筑技艺，2016（10）：39-43

图 1-42：FRANK V D H. The powerless starchitect：how Zaha Hadid became the first person working on the Al-Wakrah stadium that actually did die ［J］. Project Baikal，2016，13（47-48）.

图 1-43：宋歌摄影作品

图 1-44：藤本壮介，邝嘉儒，大卫·温汀纳，吉姆·斯蒂芬森. 蛇形画廊 2013 ［J］. 风景园林，2013（05）：106-111. DOI：10. 14085/j. fjyl. 2013. 05. 026.

图 1-45：David Franck 摄影作品

第2章

基于复杂性科学的非线性结构
形态理论建构

复杂性科学被英国物理学家史蒂芬·霍金（Stephen Hawking）誉为"21世纪的科学"，如同相对论、量子力学对20世纪的重大科学突破一样，探索和理解复杂性成为21世纪各学科的华彩乐章。从形式上的自由突破到系统内含的整体关联，不可否认，在近十几年的积极探索中，建筑创作与复杂性科学的交叉已经根深蒂固，复杂性科学的光芒也已经照亮了建筑领域的各处，逐渐从先锋转向普适性应用。

复杂性科学能够为大跨建筑设计方法提供可供借鉴的理论与方法，其基础来自于两者之间的深层关联。其中，复杂系统与非线性结构形态系统的本质关联是连接二者的桥梁。通过对复杂性科学的深层解析与哲学思考，构建大跨建筑非线性结构形态设计的理论框架，对大跨建筑设计创新提供全新视角，进而提出非线性结构形态系统的生成途径。

2.1   复杂性科学与大跨建筑设计的关联建构

2.1.1   复杂性科学的深层解析

从语义上进行分析，复杂（complex）一词源自拉丁词根 plectere，意为编织、缠绕；对于复杂系统来说，意指大量简单成分相互缠绕纠结。在社会科学中，存在着很多方面的复杂性（图2-1）。而复杂性科学（complexity science）指以复杂系统为研究对象，以超越还原论为方法论特征，以揭示和解释复杂系统运行规律为主要任务，以提高人们认识世界、探究世界和改造世界的能力为主要目的的一种学科互涉的新兴科学研究形态。

1. 复杂性问题的界定

在全球化的时代，人类文明现象中的复杂性和敏感性不断增加，如生命科学、环境和气候、全球化、信息洪流等。而复杂性科学正是针对这一类复杂性问题的一种回答。复杂性问题的概念是具有相对性的，与其相对的是简单性问题。

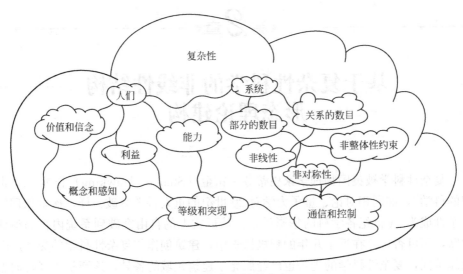

图 2-1 复杂性的意义

那么简单性问题与复杂性问题的界限是什么？苗东升提出以是否需要用还原论解决作为分辨的标准，如运用还原论方法可以解决简单性问题，并提供系统、全面、透彻的描述[1]。钱学森也提出过相似的观点，他认为用传统还原论方法所无法处理的问题，即需要运用新的科学方法处理的问题，即是复杂性问题[2]。大跨建筑由于其是多维度、多层次物质与技术、审美的集合体，用还原论方法对其认识具有一定的片面性和局限性，需要新的复杂性科学方法进行指导。

目前针对复杂性科学的概念并没有统一的概念，黄欣荣从简单性问题与复杂性问题之间的界定出发，将复杂性科学的特点归纳为以下五点：第一，复杂性问题的界定标准和框架是非还原的研究方法论；第二，复杂性科学是从传统的分类学科到现在的交叉学科之间的学科互涉；第三，复杂性科学力图建立被封闭的各学科之间相互联系的统一机制；第四，复杂性科学力图打破线性理论与还原论主宰世界的梦想；第五，复杂性科学要创立新的理论框架体系以认识自然界带给我们的问题[3]。

从复杂性科学的五个特点出发，依次对应大跨建筑设计特点。第一，大跨建筑设计是建筑类型中较为复杂的一种，其涉及空间、结构、美学、技术、设备、建造、管理等多学科知识，综合性极高，而运用简单的还原论方法已经不能系统、透彻、全面地对其进行研究，需要新的科学方法处理；第二，大跨建筑并不是单一学科问题，而是综合性极强的边缘学科，特别在复杂性科学的背景下，融合数字技术于各个学科之间；第三，对于大跨建筑设计来说，各个学科之间的关系相互依存、相互促进、相互制约，形成了一个相互联系的统一机制，每一个学科分支对最终建筑形态都产生直接或间接性的影响；第四，随着数字技术的发展，大跨建筑设计呈现出越来越复杂的状态，传统线性理论与还原论已经无法解决如今大跨建筑设计问题；第五，在复杂性科学与数字技术的交叉影响下，传统大跨建筑设计的理论与体系已经不再适用于现在的问题，而需要建立新的理论框架与体系。

因此，通过对五个特点的一一关联，可以得出大跨建筑的设计问题正是复杂性问题，需要运用复杂性科学理论及方法对其进行认识与研究。

2. 非线性思维的特点

纵观历史，复杂性思想并非无根之水，无论从东方还是西方文化中都可以追溯到文化之源，如中国易经中的阴阳五行思想，又如西方思想中的"整体不等于部分之和"。而在 20 世纪 40 年代末，路德维希·冯·贝塔朗菲（Ludwig Von Bertalanffy）已经在系统科学的研究中提出研究复杂性问题的重要性，又经过了30 年，在系统科学成熟到一定阶段之后才真正地转向复杂性科学的探索领域，试图建立复杂性理论与方法。20 世纪末，史蒂芬·霍金分别发表《时间简史：从大爆炸到黑洞》（A Brief History of Time：from the Big Bang to Black Holes，1988 年）《果壳中的宇宙》（The Universe in a Nutshell，2001 年），再一次提出万物的终极理论，把爱因斯坦的广义相对论和费恩曼的多重历史思想结合成能描述发生在宇宙中的一切完备的统一理论，颠覆了人们对宇宙的认知[4]（图 2-2）。

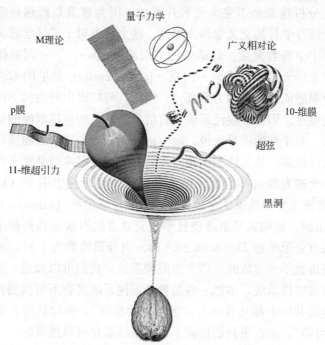

图 2-2 史蒂芬·霍金《果壳中的宇宙》

　　过去，我们在传统科学的影响下，运用线性的观点认识事物，并运用线性思维方式处理问题以及创造新的人工事物。然而，我们发现大自然中很多自然现象是运用线性观点无法描述和解决的。我们认识的自然规律仅仅是一种近似的或者理想情况下的自然状态。因此，线性思维常常受到很多约束与局限，无法认识事物全部的真相。相对于线性思维来说，非线性思维具有以下两个特点：

　　（1）整体不等于部分之和。线性思维与非线性思维的主要矛盾在于"整体等于部分之和"与"整体不等于部分之和"，很显然，线性思维的观点已经过时。非线性思维即是一种整体性、全局性的思维方式。其中，整体不等于部分之和的观点又可分解为以下两点：第一，建筑的整体性超过其各部分的总和。如同蝴蝶效应一般，人类所面临的每一个问题都不是孤立存在的，一定是全球性的、复杂的，同样是非线性的、随机的，甚至生态、经济或政治等某一个独立系统中的局部变化都可能促使全球性危机的发生。同理，对于复杂的建筑系统来说，从地基到屋盖，从表皮到设备，相互关联的因素非常复杂多样，牵一发而动全身。第二，整体大于部分之和来源于非物质能量的超越。事实上，这些能量代表一种由微观元素之间的非线性相互作用形成的某些宏观现象，比如涌现出来的场势或经济力量，抑或是情感或思想。不可否认，整体所具有的是物质之外的能量，那么，谁还会否认情感和思想能够改变世界的观点呢。不同于自然生物集群，单单从理性的角度分析建筑是不完全的和片面的，因为建筑是跨越科学、工程、人文、艺术、伦理等学科的交叉学科。因此，这个特点对于建筑学意义尤为重要。

　　（2）简单中孕育着复杂。口语中的"混沌（chaos）"一词意指随机和不可预测。物理学家李天岩和吉姆斯·约克（James Yorke）最早用术语混沌描述对初始条件具有敏感依赖性的动力系统[5]。然而，与口语中的混沌不同，数学混沌还有本质上的秩序，即很多混沌系统共有的普适性，如通往混沌的倍周期之路及费根鲍姆常数。对于自然世界来说，混沌的、无规的和复杂的物质状态背后都潜藏着理性的有序机制。从方法论的观点看，非线性是混沌的必要条件而不是充分条件[6]。第一个被发现可产生混沌的复杂系统为洛伦兹吸引子（lorenz attractor），是由麻省理工学院气象学家爱德华·诺顿·洛伦兹（Edward Lorenz）教授在 1963 年提出的，影响其复杂缠绕且不相交轨迹的因素是其初始条件，即吸引子及分形维数（分形维数 $D \approx 2.06 \pm 0.01$）。当分形维数为 1 时，极限环为稳定状态；当分形维数不为整数时，即产生混沌系统。我们可以知道，看似混沌的行为有可能来自确定性系统，虽然一些简单的混沌系统具有不可预测性，但在大量混沌系统的普适共性中却具有一些"混沌中的秩序"，换句话说，虽然在细节上"预测变得不可能"，但在更高的层面上混沌系统却是可以预测的。

　　对于大跨建筑设计来说，首要的任务是对设计思维方式的转变。转变的思维在于，用整理性的观点将建筑系统中各个元素进行关联建构，并运用理性思维判断混沌背后的本质逻辑。为各学科的发展提供新视角、新思路与新途径。大跨建筑呈现出的非线性结构形态受到内在因素与逻辑的影响，正面临着建筑设计方法论的变革。

2.1.2 复杂性科学引发的哲学思考

假如要对复杂的人类社会进行建模，绝对不可忽视其内部具有意向性活动的生命及其在复杂系统中的自我指涉性。

1. 康德的"三个问题"

在自然和社会的随机状态下，一个系统的行为是不以任何方式被确定的。对于城市发展、全球生态、人的器官和信息网络来说，这些复杂系统的动力模型都仅提供了有不同吸引子的可能图景。在非线性和随机性的历史洪流中，追求人类长远文明的责任是人类自觉的自由行动。我们必须将理性之外的哲学思想置入复杂性不断增长的持续演化之中。

德国古典哲学创始人伊曼努尔·康德（Immanuel Kant，1724 年~1804 年）提出三个经典的哲学问题（图 2-3）：第一个问题，我能够认识什么？这个问题从认识论出发，探究我们对复杂性知识认识的可能性和限度并涉及我们能够认识什么，以及我们无法认识什么。第二个问题，我必须做什么？这个问题涉及对我们行动的评价，以及我们在复杂系统中采取行动的范围与规则，提醒我们在处理复杂系统过程中要时刻保持高度敏感性，因为冒进或者后退都可能推动系统从一种混沌状态导向另一种混沌状态。第三个问题，我可以希望什么？其也是对伦理学的思考。从全局的角度来看，伦理学探究对社会长远演变起主导作用的目标性核心导向；从相对简单的复杂系统来看，如大跨建筑系统来说，这种伦理学的思考反映的是建筑师主观意识对于建筑设计复杂化的核心作用。

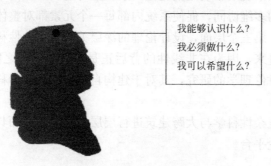

我能够认识什么？
我必须做什么？
我可以希望什么？

图 2-3 康德的三个问题

康德的三个问题是对复杂性科学的一种思考，也是在复杂性科学与其他学科进行交叉时，作为研究者的一种思考。从建筑学领域出发，从建筑师的角度问自己这三个问题，答案将是什么？

2. 引发建筑师的思考

在康德的三个问题中，包含了形而上的、伦理性的思考，这些都是哲学层面的内容。运用置换思维方式，将康德的三个问题中的"我"换成"建筑师"。这三个问题将变成：第一个问题，建筑师能够认识什么？第二个问题，建筑师必须做什么？第三个问题，建筑师可以希望什么？因此，这三个问题引出了建筑师应对大跨建筑复杂性的深层思考（表 2-1）。

康德三个问题引发建筑师的思考   表 2-1

康德的问题	康德的回答	建筑师的问题	引发的思考	
我能够认识什么	第一个问题涉及认识论,关系我们的认知的可能性和限度	建筑师能够认识什么	复杂性思维	设计思维的深层关联
我必须做什么	第二个问题涉及伦理学,以及我们处理问题的行动	建筑师必须做什么	数字协同	设计手段的深层关联
我可以希望什么	第三个问题涉及至善问题,当我们考虑长远的人类社会文化演变时,至善就是人们一直为之奋斗的个人尊严	建筑师可以希望什么	至善至美	设计伦理的深层关联

从表 2-1 可以看出，康德的三个问题引发了建筑师的思考，同时带动了复杂性科学与大跨建筑设计的深层关联。其体现在和三个问题相对应的三个层面：第一个层面，设计思维的深层关联。运用复杂性思维对大跨建筑进行设计思维的转化，关注整体大于部分之和的观点，并认为混沌的表现是内部本质逻辑的显现，因此，将大跨建筑内涵的复杂元素进行系统整合。第二个层面，设计手段的深层关联。数字技术是影响大跨建筑呈现出非线性结构形态的基本技术动因，因此，数字技术对于复杂系统的影响是关键性因素。大跨建筑非线性结构形态的设计手段基于数字技术的多维协同，促使系统内部每一个元素都对整体系统产生直接或间接的影响作用。第三个层面，设计伦理的深层关联。复杂性科学恰恰可以将形而上的内容融入进来，因为在非线性的背后正是理性与感性之间的力量的促使。基于复杂性科学对伦理学的研究，其对于建构自然科学和社会科学模型都提供了启发性框架。

三个层面将复杂性科学与大跨建筑进行层层关联，为后面具体方法性研究建构坚实的基础理论平台。

2.1.3 复杂系统与非线性结构形态系统的本质关联

1. 复杂系统与非线性结构形态系统

通过对自然界中的昆虫群落、生命组织的免疫系统及大脑和经济等系统的研究，复杂系统专家总结出自然界中的各种复杂系统之间的许多共性特征，如都具有复杂的集体行为、信号和信息处理及适应性（表2-2）。梅拉妮·米歇尔（Melanie Mitchell）认为："复杂系统是由大量组分组成的网络，不存在中央控制，通过简单运作规则产生复杂的集体行为和复杂的信息处理，并通过学习和进化产生适应性[7]。"例如，免疫系统、细胞、昆虫社会、经济、互联网，这些高度"复杂"的自然、社会和技术系统之间具有深刻的相似性，这些相似性表现在"适应性的""类似生命的""智能性的""涌现性的"行为。

复杂系统的共性秩序　　　　　　　　　　　　　　　　　　　表 2-2

复杂系统	系统规模	系统表现的秩序
行军蚁	单只行军蚁	受遗传天性驱使寻找食物，对蚁群中其他蚂蚁释放的化学信号做出简单反应，抵抗入侵者等
	100只行军蚁	它们在同一个平面上不断往外绕圈直到体力耗尽死去
	百万只行军蚁	形成具有"集体智能"的"超生物"；它们使用泥土、树叶和小树枝建造极为稳固的巢穴，巢穴中有宏大的通道网络，育婴室温暖而干爽，温度由腐烂的巢穴材料和蚂蚁自身的身体控制；它们的身体相互连在一起组成很长的桥，从而跨越很长的距离
大脑	神经元	可以接收其他神经元信号以及向其他神经元发送信号
	神经元群	决定了感知、思维、情感、意识等重要的宏观大脑活动

从系统构成来说，复杂系统由很多微观要素（分子、细胞或有机体）组成，这些要素之间以非线性方式相互作用并产生宏观秩序[8]。从图2-4中可以看出，一个简单系统通过系统之间的动态相互作用而形成合成物，一定数量的合成物又形成一定数量及规模的单元体，接下来，数个单元体在自组织与环境影响条件下，涌现成为一个整体的复杂系统。这个复杂系统并不能简单地从单元行为加以推断，而是受到微观影响，呈现出具有混沌性的宏观行为。

类比于大跨建筑结构，非线性结构形态系统由结构单元组成，各个结构单元之间在非线性相互作用（结构的力、建筑的力）下产生行为，并产生宏观的建筑秩序（空间性能、生态性能和美学性能），见表2-3。

非线性结构形态系统的构成　　　　　　　　　　　　　　　　表 2-3

微观要素		非线性相互作用		宏观建筑秩序		
结构单元		力		建筑性能		
结构原型	结构网格	结构的力	建筑的力	空间性能	生态性能	美学性能

2. 非线性结构形态系统特性

复杂性科学与大跨建筑设计的深层关联，得出非线性结构形态即为一种复杂系统的结论。通过类比可知，适用于复杂系统的复杂性理论与方法同样适用于非

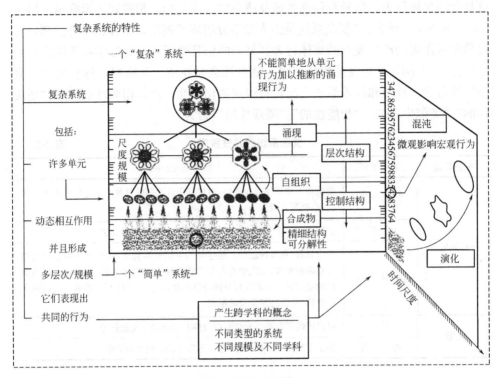

图 2-4　复杂系统

线性结构形态系统。大跨建筑由于其较强的工程性与稳定性，是与复杂性科学交叉较晚的学科。其实，宇宙学、生物学、社会学、计算机科学等学科已经与复杂性科学有更深入的交叉研究。对于每一个复杂系统来说，可以从要素、动力学及序参量三个方面进行分析，在类比中得出非线性结构形态系统的系统分析，见表 2-4。要研究大跨建筑非线性结构形态系统的组织之谜，就要从复杂性科学方法出发，从复杂性理论的各学科分支中发掘、提炼出具有普适性的方法，用于解释非线性结构形态系统的生成及演化。

复杂性科学的交叉学科应用　　　　　　　　　　　　　　　表 2-4

学科	系统	要素	动力学	序参量
宇宙学	宇宙	物质	宇宙动力学	宇宙模式形成
	基因系统	生物分子	基因反应	基因模式形成
生物学	生物体	细胞	生物体生长	生物体模式形成
	种群	生物体	进化动力学	物种模式形成
社会学	社群	个体、机构等	社会互动	社会模式形成
			历史动力学	

学科	系统	要素	动力学	序参量
计算机科学	元胞自动机	细胞处理器	计算规则	计算网络的模式生成
	神经网络		进化算法	
	互联网		学习算法	
			信息动力学	
结构形态学	非线性	结构单元	涌现生成	空间结构系统的模式生成
	结构形态系统		遗传进化	
			适应维生	

复杂性科学中的研究方法对非线性结构形态设计具有极大的启发性，可以提供其设计创新的新途径。将复杂性科学理论及方法应用到大跨建筑非线性结构形态设计中需要经过机制分析总结与原理提炼转化的导入过程。对复杂性科学中的方法进行原理与机制的分析是将其运用到非线性结构形态设计中的重要环节。黄欣荣梳理出复杂性科学的五种具有代表性的复杂性方法，即涌现生成方法、适应维生方法、遗传进化方法、临界突变方法及复杂网络方法，分别对应复杂组织的生命过程中的诞生阶段、生长阶段、衰亡阶段，维稳阶段和突变阶段。对于大跨建筑来说，建筑有别于真正的生命组织，因此笔者选取与大跨建筑结构形态系统密切相关的三种方法，即涌现生成方法、遗传进化方法和适应维生方法，分别与非线性结构形态系统的生长、演化和维生过程建立联系，并以此输出相应的结构形态生成途径。非线性结构形态的创新活力正是源自这三种方法及途径，在满足结构系统的力学合理性的基础上与环境、人取得完美融合。

2.2　复杂性科学启发下非线性结构形态设计框架建构

从 2.1.2 节得出，康德三个问题引发建筑师对于大跨建筑非线性结构形态设计的三个层面的思考，分别为设计思维的深层关联——复杂整合、设计手段的深层关联——数字协同与设计伦理的深层关联——至善至美。本节将三个层面的深层关联一次展开讨论，并以此建立非线性结构形态的理论框架。

2.2.1　设计思维的复杂整合

复杂性科学的到来大幅冲击了固有的建筑学思想。对于建筑学来说，其极大地拓展了建筑研究及创作的疆域，使建筑形态从稳固的、线性的、有序的现代主义扩展到运动的、非线性的、无序的后现代主义。从结构形态来看，复杂性科学被广泛认为是真正适合自然的现象，这个观点正应对了自然形态中结构形态最优化的观点。结构仿生已经成为结构探索中的重要途径，但仅从形式上的模仿还无法获得自然结构的精髓，唯有通过复杂性科学的认知方法，才可以摸索出自然形态生长、演化及维生的机制，才可以从本质逻辑上进行学习。

复杂性科学影响建筑范式的转化（图 2-5）。斋藤公男认为日本建筑中的结构思想可借鉴的精髓为"整体的结构设计"，顾名思义，是以整体有机的视角把握结构设计，将建筑与结构之间各层级及各元素深度融合起来的整体化设计，而并非简单地将各种元素并置在一起。大跨建筑已呈现出多维度的复杂倾向，传统的线性思维方式已无法解决其复杂性所带来的问题，传统思维方式也极大地限制了大跨建筑的创新，或者运用传统的思维方式，建筑师的创新仅停留在表现的建筑形式层面，而不能从本质上进行真正的创新。这些问题都指向了一个问题的源头，迫切需要一种新的方法论——复杂性科学。

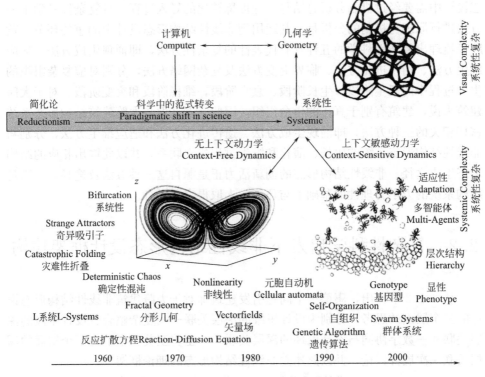

图 2-5　基于复杂性科学的建筑范式转化

1. 自下而上的层次

非线性结构形态是一个有机的、更接近于自然界生命能量的整体，其可以将建筑诸多相关因素乃至环境因素整合在一个系统之中。

大跨建筑结构形态是系统诸元素之间相互关系、相互作用的总和。2010 年，罗伯特·奥克斯曼（Robert Oxman）首次提出新结构主义，她认为："当下的建筑设计、建筑工程与建筑技术融合滋生的新实践，对结构逻辑和结构建造具有重大的导向作用，势必将建立替代标准化设计和建造的新秩序[9]。"非线性结构形态与新结构主义具有很多相通的点，如注重结构逻辑、建造逻辑及设计过程与工作模式的转变（图 2-6）。新秩序下，建筑师与结构工程师在一个高度融合的工作平台之上，结构理论将在建筑设计初期发挥作用，结构性能优化过程（模拟、分析、计算、优化），使结构与建筑设计之间更具有互动性与适应性。在建筑师和结构工程师之间建立一个协同平台，实现创新性的合作方式。一方面，建筑师设计得到了延伸和拓展，建筑师有机会参与复杂的几何形状的结构设计中，并在结构优化和建造实施中发挥更重要的决策作用；另一方面，建筑师和结构工程师依靠各自的专业技能与经验积累所得的设计直觉，并相互激发潜在的结构特性和建造可能性，提高项目的完成度和控制程度，建筑本身获得更优化的性能，也终将涌现出更为科学的工作方式及合作流程。数字化结构性能设计开始超越技术工具，逐步成为一种设计方法。

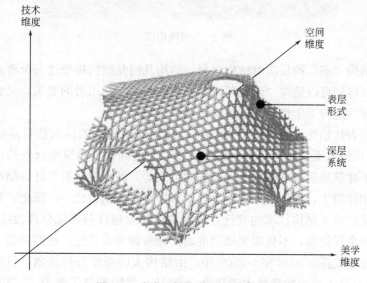

图 2-6　非线性结构形态的适应维度

根据前文对结构形态学语义的分析，大跨建筑非线性结构形态系统应分为三个层级。同时，根据复杂性科学分析，这三个层级应是自下而上的关系（图 2-7）。其中，最内层，是结构的物质部分，即"形"，包含几何、材料和构型三个要素；再外一层，是建筑的性能部分，即"态"，包含结构性能、空间性能与美学性能三个要素；再外一层，是建筑环境部分，包含人与环境两个要素。

非线性结构形态系统的物质构成是在结构"形"的层次进行操作的，建筑师

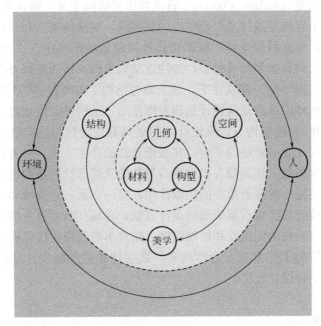

图 2-7　层级构成

可以根据结构"态"的层次对结构材料、结构几何及结构构型这三个要素进行组织调控，以得到可以适应"建筑环境"层次的环境与使用者的要求，又满足结构性能、空间性能与美学性能的非线性结构形态系统。

形式的表达始终是建筑设计的归宿，任何建筑理念的诉求都将落实于表现"形式"的几何元素、材料元素和构型元素，与此同时，建筑受众者的审美诉求也将作用于建筑所表现的视觉形式与触觉形式等。随着时代的变迁，结构技术与艺术总是相伴而生，结构技术更新是建筑审美更迭的动力之一，反之，审美对现世的批判又促进了结构技术的变迁。如若将结构合理性与视觉合理性综合考量，将二者效率全局把握，不仅需要敏锐准确的建筑师专业直觉，还需要强大可视计算的数字技术支撑。2008 年～2009 年，由结构大师斋藤公男策划，日本建筑学会（AIJ）与日本建筑构造技术者协会（JSCA）共同举办了题为"结构建筑学"（Archi-Neering Design）的建筑模型展与学术研讨会。斋藤公男认为"Archi-Neering"有两个维度，其中，技术的维度表现为结构的安全稳固力与结构实现的可能性，而感性的维度表现为创造性和想象力；这两个维度既有区别又极其相似，充满创造性的技术手段一定是浪漫而魅力无限的，然而缺失想象力的技术将是多么乏味而幼稚；每当我们将技术与艺术、建筑与结构相交融在一起时，就可以创造出充满魅力的建筑作品。无论技术发展到何其强大，人本身的智慧与情感对建筑与结构创作而言才是最为重要的，具有想象力和判断力的作品才具有美学鉴赏价值。

以结构的经济性为例，结构的经济性主要反映结构形式的优劣和材料单价的高低，反过来看，不同材料具有不同的属性及建造构型模式，基于此涌现生成的大跨结构一定是具有先天经济优势的。从还原论出发的思维方式导致建筑师对于施工技术和结构材料价格的忽视。随着技术的发展，相同做法的材料，不同时间内的价格也有所不同，例如，尽管属于同类材料但也可以由于加工技术的繁杂工序而价格相差数倍，同时一些高新材料也常常高于常用材料的价格。而结构材料的选择又涉及很多因素，如结构材料的单价（经济性）、结构构造逻辑、结构施工方式（经济性、时间长度）、力学性能（稳定性、抗震性等），不同的结构材料本身具有自身的属性或者特质，则选择不同的结构材料就相当于选择不同的力学传递方式、结构形式、结构构型、建筑形象、经济性等。再如同影响建筑工期的因素有结构施工的时间，更本质的是结构施工方式的选择（结构构造方式、结构技术的选择）。新时期下，新的结构施工方式可以极大地提高施工速度。如若结构逻辑清晰，工程项目的施工时间既可控又短。

2. 人的意识的参与

结构可以被看成是对各种力的作用能够产生相应反应的系统，离开了作用，或对作用无任何反应，结构也就失去了存在的意义。结构主体之间的相互作用是系统生成的必要前提条件，如西方学者保罗·西利亚斯（Paul Cilliers）认为复杂系统要素之间必须有相互作用[10]。作用、系统和反应构成了完整的结构关系链条。第一，结构离不开力的作用。作用与反作用是相互的。外力作用于结构，结构即以抗力相对应。外力的产生有其物质根源，是具体的、而非抽象的。如风压源于空气分子因运动而对结构表面产生作用，地震力是因具有一定质量的结构与地面之间发生相互作用运动产生加速度而形成的惯性力等。第二，结构与力的相互作用通过结构变形表现出来。结构材料的力学特征之一就是在力的作用下产生相应的变形。第三，结构系统与力的作用机制，相互牵连，互为因果。因此，把结构看作有机体进行结构创新。

相互作用大致可分为线性相互作用和非线性相互作用。线性相互作用是一种平庸的行为，是典型的有一说一，不能产生复杂系统的行为。而非线性则有可能产生分叉、突变、时滞、路径依赖、多吸引子、自激、自组织等不平庸的行为，一加一不一定等于二[11]。非线性之所以产生，就是因为系统要素之间、系统与环境之间存在复杂的非线性相互作用。涌现现象、适应行为和进化行为，以及新颖性、创新性的产生，都源于不可预测的作用关系。

非线性结构形态系统内部各要素相互作用力可以分为两类：一类是内在的、客观的、纯力学的结构的力；另一类是外在的、主观的、意识层面的、适应环境生态、适应审美的建筑的力（表2-5）。对于大跨建筑来说，结构的安全性是一切功能美观的前提，是最重要的事情，因此，结构组织要素应该遵从结构自身的力学逻辑，也就是结构组织要素之间的相互作用之一即是力流的传递与抵抗。作为建筑结构，结构更重要的职责是创造空间以满足功能需求，这里就存在着空间对结构的力，除此之外，还有人们对美观的需求也要通过结构的外在表现（如结构形式、结构机理等）得以表达，这里就存在着审美对结构的力。这些便是建筑的力。

非线性结构形态系统的力　　　　　　　表 2-5

结构的力	建筑的力
内力	外力
结构系统内各要素间相互作用	结构系统与建筑、环境之间的相互作用
力流的传递与抵抗	环境/生态、人/审美

（1）结构的力

结构的力即是力流的传递与抵抗（图 2-8）。大跨建筑自由形态的背后必然有理性逻辑的支撑。从表面上看，自由的结构形态似乎可以脱离现实世界的束缚，但事实上，复杂的结构形态绝非是脱离结构逻辑而存在的，更不会是违反结构逻辑的。无论是何种美学下呈现出何种形式的大跨建筑结构体系，都应该是符合世界先进的空间结构要求、具有科技含量的结构体系。王仕统在《大跨度空间钢结

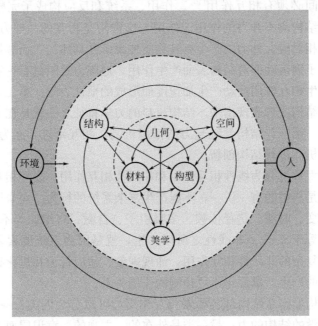

图 2-8　结构的力

构的概念设计与结构哲学》一文中总结，张拉整体体系（连续拉、间断压）、膜结构、开合结构、折叠结构和玻璃结构等是世界大跨度空间结构的发展方向[12]；陆赐麟先生在《近年我国钢结构工程设计与实践中的问题与思考》中提到，"大型建筑结构向轻型化发展——围护材料轻型化、高强化，承重结构空间化、张力化，制造加工自动化、流水化，施工安装集成化、整体化[13]"，这些资料表明了大跨建筑的最明晰、最基本的发展方向，包括表皮、结构、加工与建造等类别的要求，不可本末倒置，那些为追求新奇而应用效率低、成本高的结构体系无疑是逆向而驰。

由于大跨建筑需要覆盖大跨度水平空间，其结构最大的受力难点在于与竖向作用力的抵抗。影响竖向作用力的最重要方面是结构的自重。空间结构形态需要以形态实现对重力的抵抗，在重力作用下维持结构形态的稳定性，以保证建筑的使用功能。随着跨度的增加，结构自重的增大与结构矢跨比的减小，其结构形态逐渐趋于宽扁型，其竖向刚度和承载能力是结构的薄弱环节，从而使竖向作用成为结构要抵御的最重要的作用。大跨建筑的竖向作用首先来自结构自重、屋面覆盖材料和建筑附属固定设施的重量等不变荷载作用，其次来自作用于屋面结构的人员、施工荷载、风、积雪、积灰等可变荷载（活荷载）的直接作用，最后还有因地震导致的竖向地震力和脉动风压引起的结构竖向振动等间接作用。再者，间接作用效应明显：支座位移、温度变化和地面运动（地震）等间接作用对大跨结构有一定影响，在结构中会引起力的作用。例如，温度升高会引起结构的相对伸长，这对小型结构或许并不明显，但较大的结构尺度会使这种伸长积累的总量变得十分显著，造成内力增加、应力分布改变、支座反力加大或支座滑移加大等不利情况。一般地，间接作用越大，对结构的影响越明显。

（2）建筑的力

线性与非线性之间的物质是什么？德国克劳斯·迈因策尔（Klaus Mainzer）将其解释为"人的意识的参与[14]"。尤金·维格纳（Eugene Paul Wigner）曾指出运用线性的观察方式观察薛定谔方程将有可能会失败，而应该运用非线性程序进行替换。科学家罗杰·彭罗斯（Roger Penrose）认为宇宙进化不仅是量子力学中的线性动力学可以解释的，还存在意识性能量，因此，他认为需要将线性动力学与非线性的意识性层面相互统一结合起来，才可实现对宏观系统演变生存的完整认识。一个机体的大脑观察、形成导图和监测，不仅包括外部世界，而且包括机体的内部状态，特别是其情绪状态。与此同时，复杂性科学试图通过意识的存在解释哲学史中关于"死"物与"生"物之间界限是否分明的哲学问题[15]。

对于非线性结构形态系统来说，这种非线性即是建筑师的参与。人的意识的参与对非线性系统发展具有导向性作用。大跨建筑的复杂性涉及多方面、多层次、多因素，并不只是力学效率那么简单。传统的思维方式只是在大跨建筑的结构机制、力学机制方面有所研究，在意识层面是不曾顾及的，但是运用复杂性科学，复杂系统具有非线性的倾向，这种从线性到非线性，耗散的产生、中间的聚集和消耗是如何造成的？这里就可以融入人的意识的因素，将意识层面的东西融入科学系统中，是复杂性科学的巨大进步。对于建筑学来说，其是跨越科学与艺术的边缘学科与交叉学科，如果不顾艺术谈建筑技术，一定是死板而没有灵魂的，艺术与技术对于建筑来说是不可分的硬币的两面，它们合二为一才是一个整体，那么复杂性科学高明在可以真正地将技术与艺术的因素合二为一，融合到一个系统中。

通过对复杂系统中意识层面的关注，具有创造性的学科与领域被纳入科学系统之中。建筑学是极富创意的工程学科，为实现相同的建筑目标，如建筑功能、面积等，不同建筑师将创造出不同具有个人情感色彩的建筑形象。意识层面是这个问题的核心。对于非线性结构形态来说，建筑师遵循建筑性能中的空间性能、结构性能与美学性能，来组织结构几何、材料与构型这三个可操作的结构语言，在理性与感性相交织的创造过程中，塑造非线性结构形态（图 2-9）。

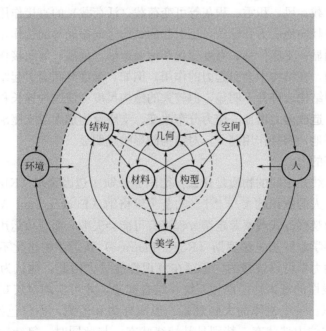

图 2-9　建筑的力

2.2.2　设计手段的数字协同

形式与技术复杂形式的实现依赖于技术的支持，技术的发展直接表现于形式的变化，二者形成最为直接的作用关系。这里的技术指以计算机为工具的数字技术，包括数字化设计技术和数字化制造技术的开发和应用，如数字化生形、数字化仿真、数字化加工、数字化建造等。随着近些年的发展，数字技术已超越设计工具层面，逐渐形成一种成熟的建筑设计方法，这种设计方法更为科学、精确且具有创新精神。

剥离现象、数字技术是连接各个层级与各个元素的核心，所以，数字技术是迫使传统结构形态进入非线性阶段的真正技术根源。复杂性科学的创立者们的初衷是要结束学科分立的局面，找到处理各种复杂系统的共同框架和统一理论，但随着学科的发展，不同的学者各自从自身的学科背景和视角出发，建构了不同的复杂性理论分支。随着事情的不断发展，长期分化的独立学科的综合整合已经在当下的建筑业内呼之欲出，直至复杂性科学和数字技术的渗入，传统分散的各个环节可以被整合在一个完整的系统之中。

对于非线性结构形态系统而言，设计手段的数字协同表现为三个方面。第一层是信息、思维与物质化的转译。数字技术与云技术已经超越了人们对于"高精度"与"高效率"的追求，而是以强大的开放性改变虚拟世界与现实世界之间的联系，人与机器、人与人之间的关系正在被重新定义。第二层是表皮、结构与设备的共生，将数字化设计融入大跨建筑之中，无论是表皮还是设备都可以在复杂三维空间中与结构系统形成有机的整体，规避传统结构与设备之间强硬错接的尴尬现象，因为所有层级的构造体系都可以在BIM（建筑信息模型）中进行全盘而细致的考量，无论哪一个部分发生变化，所有的系统都可做出相应的反应。第三层是设计、加工与建造的链接，一种数据与动作、虚拟与现实之间的交互界面，这使得建筑师对从设计到建造的过程的把握更加游刃有余，设计更加自由化，同时也不会缺失建造的合理性，这让建筑师在整个建筑设计与建造过程中达到一个更加自主的状态。

1. 信息、思维与物质化的转译

20多年来数字技术成为建筑师探索建筑形式可能性的新工具，成为促进设计思想发展的新媒介，更为重要而且基础的是数字技术可以建构几何参变量与物理特性之间的关系，可以在建筑形式与建筑结构之间实现更为强大的数字整合（图2-10）。

整合的实现需要强大而复杂的数字技术作为支撑，数字化工具是以数字信息为核心的集成技术，将现实中的现象转化为计算机共通的数据语言，进行运算、输出等工作（图2-11）。以信息数据为基础的建筑信息模型具有可视化、协调性、模拟性及优化性的特点，可以实现大跨建筑形态的有机性，将功能、生态、美学有机地融于大跨建筑结构形态这一物质实体中，使设计、加工与建造协同工作，达成建筑发展的高效率与高性能化。这种集成设计是一种多专业配合的设计方

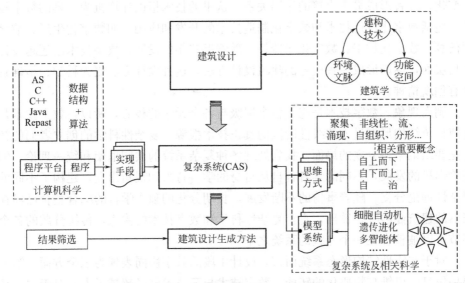

图 2-10 建筑设计生成方法理论框架

法，其把看上去与传统建筑设计毫无关系的方面集合到一起以实现共同的利益，最终目的是以较低的成本获得高性能和多方面的效益[17]。其可以控制的内容是非常具体的，包括建筑的空间、流线、结构、采光、采暖、通风、声景、视线、景观等各个方面，并最终控制建筑的形式，贯穿从建筑朝向与布局、建筑整体形态的把握，到中间层次的结构、表皮、设备共生，再到更为具体的门窗布局及开启方式、建造节点设计等全过程。

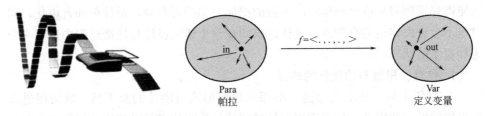

图 2-11 参数化计算示意图

（1）连接思维与物质化。传统建筑师的设计语言是黑箱式操作，在头脑中的思维包括智慧、经验与设计手段，可以通过图解分析将其表达出来，数字技术却可以将思维与现实连接起来，将建筑师的思维运用计算机语言呈现出来。动态、交互、可视化的建筑与结构计算工具将设计要求通过规则或关系编程，最终转化为基于结构性能的多目标、多维度的非线性结构形态。从算法中可以明确了解建筑师选取建筑形态的动因，因而建筑设计的过程更合理、更科学（图 2-12）。反过来看，设计过程也得到了记录，传统的创作过程经过人脑及手绘的思考过程而来，难以储存，更难于修改，而通过信息的转译，通过参数化或算法编程的设计过程便解决了设计过程的存储与修改的问题。

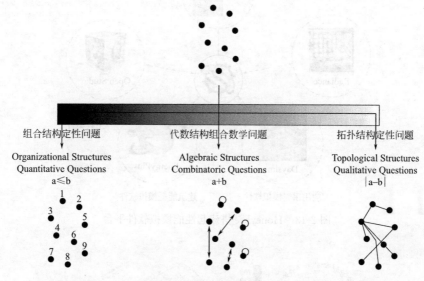

图 2-12 数学中的基础结构

（2）连接抽象与实体。抽象的物理因素如力、风、光、热都可以用数学或物理描述直接转译成计算信息，甚至连美学感受也可以通过统计评价转译为数字参数。对于非线性结构形态来说，最直接的贡献在于基于结构性能的生形工具的开发，如物理力学模拟工具和拓扑结构优化工具等，从而实现具有高性能、高适应性和动态性的结构系统，在合理的经济预算条件下实现更好的建筑结构性能。其次是环境因素的转译，环境因素常常是设计思维的出发点，将其参数化可以真正实现非线性结构形态的环境适应性，回应生态性能需求（图 2-13）。

基于环境性能的形式生成主要依赖于两种设计方法：一是运用现存的模拟工具直接从性能模拟结果中生成原始形式；二是针对特定的性能需求，发展自定义的工具和技术，打开更广阔的设计空间。这些方法在本质上都旨在实现模拟工具与设计平台之间直接的数据转化。在 Rhino、Revit 等参数化平台下已经涌现出了一批较为先进的插件，这些插件或自身具有模拟能力，能够在设计环境下依据内置的算法公式进行快速的性能模拟；或沟通起模拟工具与设计工具之间的桥梁，实现模型数据和模拟数据的实时联动（图 2-14）。

2. 表皮、结构与设备的共生

克里斯汀·史蒂西（Christian Schittich）在其著作《建筑表皮》中提出建筑是由承重结构、技术设备、空间顺序和建筑表皮四个部分组成[18]。其中，承重结构、技术设备和建筑表皮均属实体范畴，而这三者的共生所创造的生态价值、

图 2-13　Honeybee 搭建起性能模拟软件平台

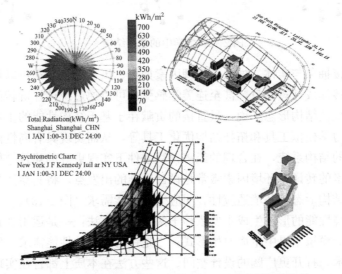

图 2-14　建模软件中导入标准的 EnergyPlus 气象文件

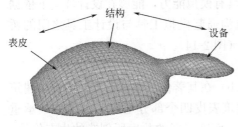

图 2-15　多层次的共生

科技价值与美学价值决定了复杂结构形态未来的发展方向（图 2-15）。从建造逻辑上来看，表皮、结构与设备应由统一、多层级的网格进行控制，以结构布置方式为主要控制网格，并兼顾表皮与设备的布置方式，由此具有不同技术功能层共同叠加成统一有机的整体。

当下大跨建筑结构体系具有明显的轻型化趋势，结构形态由厚重转为轻巧，由强化凸显转为弱化消隐，逐渐形成结构表皮化与表皮结构化的审美倾向。一方面，大跨建筑的表皮成为其传达信息的重要媒介，有时表达地域文脉，有时传播商业文化，有时传达结构肌理，在大跨建筑创作中具有特别重要的意义。另一方面，得益于新型建筑表皮材料的开发与应用，如具有多种性能的玻璃、膜材，表皮可以成为结构，或者可以成为影响结构形态设计的最重要的因素，同时在太阳光引入方面具有极强的生态意义。

如中国国家体育场"鸟巢"的结构相互编织成树枝状表皮，中国国家游泳中心"水立方"采用基于微观分子结构的有机空间网架体系形成水泡状表皮。又如由马希米亚诺·福克萨斯（Massimiliano Fuksas）设计的法国斯特拉斯堡天顶音乐厅（Zenith Strasbourg）（2008 年，1.2 万座）仿佛一个橙色发光体（图 2-16），其外部几何形状是，两个椭圆形折叠旋转而成，旋转并置的钢骨架外包裹着由有机硅胶混合玻璃纤维制成的橙色金属表皮，半透明材质的表皮白天是不透明的，夜晚在灯光的投射下几乎完全透明，像是一盏魔幻的灯。再如冯·格康-玛格建筑事务所（GMP）设计的深圳世界大学生运动会体育中心（2011 年，一场两馆）（图 2-17），其中体育场屋面结构（长 310m，宽 290m）由伸出的长 65m 的悬臂和以三角面为基本单位的单层空间折板网架钢结构构成，形态如钻石般闪耀[19]。

图 2-16　斯特拉斯堡天顶音乐厅　　　图 2-17　深圳世界大学生运动会体育中心

大跨建筑由于尺度巨大，占据大量的社会和自然资源，因此，愈发关注设计本身的生态价值。在传统大跨建筑设计中，通常将节能设备作为辅助设施被动地弥补物理舒适度的不足，却又造成巨大的能源负荷。在非线性大跨建筑的设计中，自由的结构形态与表皮、设备一体化形成生态界面，智能化地主动应对空间舒适性需求，提高结构与表皮的物理性能，降低整体的能耗。

英国尼古拉斯·格雷姆肖（Nicholas Grimshaw）设计的位于英国康沃尔郡的伊甸园项目是较早的大规模生态穹顶，在双层圆球网壳结构中安装可开启窗、换气设备等设施，以维持穹顶内部空间适宜植物生长的温度与湿度。蓝天组在西班牙萨拉戈萨足球场方案（2008 年）（图 2-18）中，在结构层之上沿水平方向布置金属百叶控制自然空气的渗透流通，适当覆盖的半透明织物在引入阳光的同时还能起遮阴挡雨的作用，以期为座席区、通道区、运动场地及草地提供舒适的气候条件，减少照明、空调及制冷等设备能耗。再如福斯特建筑事务所（Foster＋Partners）设计的柏林自由大学文献学图书馆（The Philological Library of the Free University of Berlin）（2005 年）（图 2-19），4 层的阅读空间被一个完整的、像素化的生态穹顶所覆盖，结构内外双层表皮间的空腔形成可以输送新鲜空气和废气的运输管道。这里全年有近 60％的时间实现自然通风，运营费用与一般的全空调图书馆平均值相比降低 35％，总成本与同期建造的德国其他大学图书馆的平均值相比低 10％[20]。

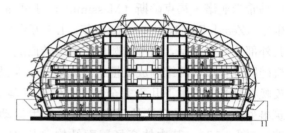

图 2-18　萨拉戈萨足球场　　　　图 2-19　柏林自由大学文献学图书馆

又如，Fernando Romero EnterpriseE（FREE）设计的索玛雅博物馆（2011年建成），其结构形态来源于对雕塑艺术的理解，同时体现了墨西哥城的现代性（图 2-20）。建筑师与结构工程师运用复杂计算机技术进行紧密合作，一个中心化的 3D 数字模型成为不同专业相互协同的核心平台。在结构层之上，依次设置有主结构网格、二级结构网格、防水层、蜂窝表皮层。整个表面是半透明的，光线透过建筑表皮经过结构层进入室内，呈现出柔和温暖的空间环境。

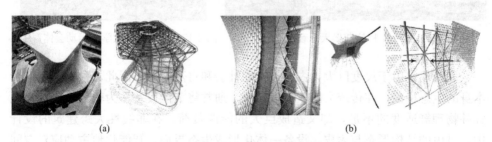

(a)　　　　　　　　　　　　　　　　(b)

图 2-20　墨西哥索玛雅博物馆
(a) 建筑外观和结构模型；(b) 从结构到表皮的构造层次

3. 设计、加工与建造的链接

在古代，科学知识以哲学的形式而整体存在，手工业时期的艺术、建筑、结构、技术、材料、数学、装饰等方面的内容都由一人或几人共同负责，如此建筑师即是一个系统化的设计工厂，外界的信息经由他内在系统化的思考最终整体化的建筑作品得以建造。而后，随着人类对世界条分缕析的深入认识，近代科学开始了学科的分化，从而出现了职业的分化，出现了建筑师、结构工程师、设备工程师、项目预算师等等，每一学科都得到了飞速深入的发展，然而，却常常造成支离、脱节的现象，多专业的配合度成为衡量建筑作品优秀与否的指征。

非线性结构形态应是兼具自由、复杂、生态、有机、艺术价值等多种特性的三维建筑结构。日本结构工程师佐佐木睦朗（Mutsuro Sasaki）认为："必须以基于数学理性的形态设计方法替代传统的基于经验的结构设计方法，以统一力学性能和美学[16]。"整合技术的核心是数字信息，强大的数字技术可以将现实中的现象转译为计算机共通的数据语言。以信息数据为基础的建筑信息模型具有可视化、协调性、模拟性及优化性的特点，可以将功能、生态、美学有机地融于大跨建筑非线性结构形态系统，实现设计、加工与建造的链接（图 2-21），实现大跨建筑设计的高效率、高性能化和高完成度。

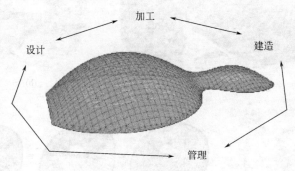

图 2-21　多专业的协同

从数控机床、快速原型技术、3D 打印，到工业机器人建造，数字化建造工具赋予了建筑师更广阔的创造空间。一方面，数字化建造是将数字信息最终转译为物质现实的工具，这是非标准化的非线性结构形态得以实现的最后一环。另一方面，人机交互技术的深入实验促使建筑师主动深入传统结构材料的创新应用，以及为实现高性能的结构系统而主动开发新结构材料，这些对于推动非线性结构形态具有巨大的推动作用。非线性结构形态还是连接传统与未来的桥梁，未来的建筑将有本质的飞跃，甚至是具有生物智能特性的，那么它的基础就是新材料与新建造方式的应用。

非线性结构形态的实现得益于数字技术在建筑领域的迅速发展和应用，三维、动态、无缝的数字化设计、加工与建造的产业链是直接作用于复杂结构形态的核心技术。纵观建筑历史，设计方法工具、建造工具、建造流程与逻辑，无不深刻地影响着建筑范式的革命，而现在，数字技术正以前所未有的速度使建筑行业发生巨大的转型[21]。数字化工具以建筑信息为基础，在各个环节中建立有效输入和输出关系，最终实现了设计成果的共享，并具有极高的可控性和精确度。于是，从复杂形态表达到建设项目全过程，再到全生命周期管理的各个环节都得到协同控制，相关专业工种之间传统的线性设计过程转变为一种网络化的交互过程，极大地提高了复杂形体的设计及建造效率，同时也拥有了更高的质量与完成度。

凤凰传媒中心是我国较早将尖端的数字信息技术手段运用在管理、设计、建造全过程的作品（图 2-22）。第一，该项目以 CATIA 作为数字技术平台建造 1∶1 足尺比例的虚拟化建筑元件，以莫比乌斯曲面作为整个几何控制系统构建的基石，

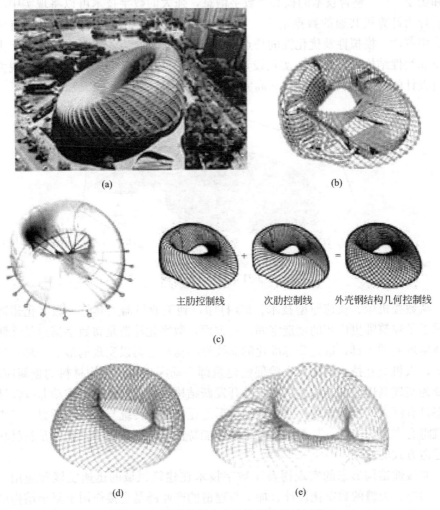

图 2-22 凤凰传媒中心的数字化设计过程

（a）凤凰传媒中心的莫比乌斯环形态；（b）建筑信息模型；（c）外壳钢结构几何控制系统的构建；（d）建筑专业为结构专业提供钢结构梁中心线；（e）结构专业用建筑控制模型进行计算极大提高了计算精度

并在基础控制面之上进行外壳钢结构几何控制系统的构建，在严格的衍生机制下，生成两组控制外壳钢结构梁的基础控制线，分别为主控制线和次控制线。这两组 Nurbs 样条曲线是未来构建外壳钢结构系统的重要参照。第二，该项目以BIM 平台实施了数字化三维协同的全新工作模式，将建筑师、结构工程师、机电工程师等共同融入三维协同平台之上，并基于同一个全信息建筑模型进行讨论与修改、交流与传递，最终完成设计成果[22]。

NBBJ 建筑公司与 CCDI 悉地国际合作设计的杭州奥林匹克体育中心（2019年，8 万座体育场、1 万座网球场），造型源自钱塘江沿岸的冠状植被"白莲花"，花瓣般的钢结构屋盖形态轻盈柔美（图 2-23）。设计师采用了参数化程序和建筑信息模型技术开发和优化 3D 钢结构模型，在调节整体形态的过程中及时对整体结构性能进行计算，并对形态控制进行反馈，协同控制表皮几何形态及结构构件布置。

Populous 建筑事务所设计的爱尔兰都柏林英杰华体育场（Aviva Stadium）于 2010 年建成，可以举办容纳 50000 名观众的国际橄榄球比赛、英式足球比赛及演唱会等。该建筑场地紧邻住宅街区，西侧与铁路线毗邻，因此，基地条件十分复杂有限，对建筑制约性较大。Populous 建筑事务所的大卫·海恩斯（David Hines）同标赫工程设计顾问有限公司（Buro Happold Engineering）的首席工程师保罗·威斯柏里（Paul Westbury）合作为英杰华体育场设计了可共享的模型环境，形成了从参数化设计到建筑信息模型再到制造过程的体系（图 2-24）。从整个建筑形体来看，英杰华体育场呈现椭圆形。建筑师充分考虑巨大体量的体育场将对周围住区带来光线遮挡问题，因此，从结构形态上进行东西升起、南北降低的处理，实现了对周边区域最低程度的影响[23]。进而，从结构肌理的布置与表皮覆材的层面对建筑内部光环境进行调控，如设置百叶式，结构表皮构造，将自然光引入体育场座席区的同时，还可以将光线反射到邻近的住宅建筑中，与此同时，百叶的层叠效果丰富柔滑了整个建筑场馆的轮廓。

英国建筑师诺曼·福斯特（Norman Foster）也一直致力于数字技术的应用，并在 2009 年为 The YachtPlus Fleet 游艇公司开发研制了一款造型现代的游艇——YachtPlus，基于其数字化流线形体赢得了较普通游艇多出 30% 的内部空间。该游艇从设计到加工、打磨成型，完全运用数字技术及工业机器人建造技术（图 2-25）。同样地，蓝天组也在最新项目深圳当代艺术与规划展览博物馆（MOCAPE）中使用机器人进行建造。通常情况下这部分的建造工作需要 8 个月时长和 160 名工人在现场，但是现在，只需要 12 个星期和 8 名工人在现场。然而，在建筑信息模型（BIM）的控制下，一组机器人能够精确铸模、组装、焊接和抛光双曲金属板，同时还能节省大量的时间和金钱（图 2-26）。

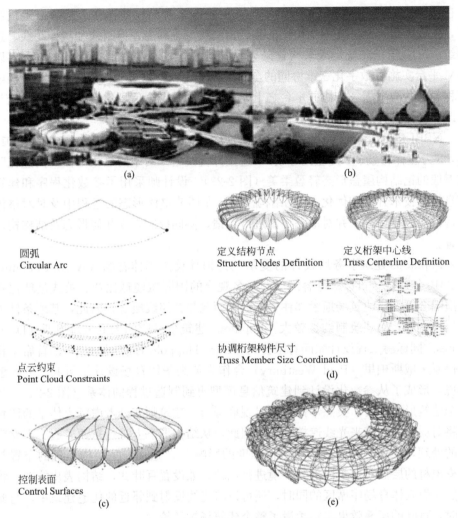

图 2-23　杭州奥林匹克体育中心的数字化设计过程

(a) 杭州奥林匹克公园，包括体育场（8 万座）与网球场（1 万座）；（b）近景；（c）复杂几何
形体控制生成；（d）结构计算模型；（e）重力作用下的结构受力模型

2.2.3　设计伦理的至善至美

　　不断增长的现代技术所带来的环境与经济问题，为我们带来越来越多的警醒。曾经在自然、社会和技术科学史上占支配地位的线性确定论因果观点，也一直影响着相同历史时代的伦理规范和价值。近年来，伦理学已成为具有吸引力的话题，并广泛被应用在多种行业领域之中，包括工程师、医生、科学家、管理者和政治家等。这种关注度的不断增加，一方面是由于全球环境压力的增长以及经济技术的现代化问题，另一方面也涉及人们对职业道德和社会责任方面的反省，

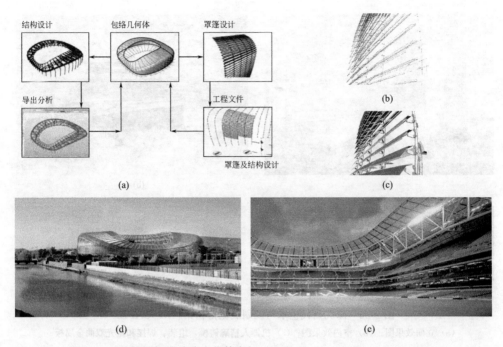

图 2-24 爱尔兰都柏林英杰华体育场（Aviva Stadium，Dublin，Ireland）
(a) 结构表皮系统的 BIM 设计流程图；(b) 建筑信息模型；(c) 建造信息模型；
(d) 体育场外观；(e) 体育场内部

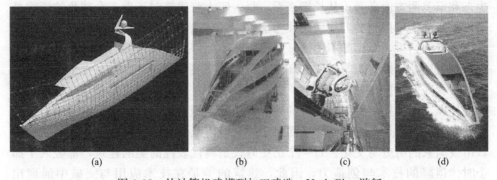

图 2-25 从计算机建模到加工建造：YachtPlus 游艇
(a) 参数化形体建模；(b) 主结构；(c) 机器人打磨；(d) 第一艘成品

希望可以从高度工业化所带来的关键性后果中重新站起来。

伦理学是一门哲学学科，其中心问题是通过对好的道德准则进行确定与评判，以引导人们更好地生活、更正当地行动以及更合理地决策。从苏格拉底、柏拉图、亚里士多德到伊壁鸠鲁、斯多葛派、笛卡尔、斯宾诺莎等哲学家都提出了自己的伦理学主张。然而，复杂系统理论并非一种形而上学的过程本体论，也不

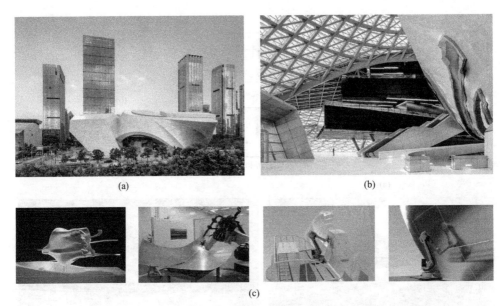

图 2-26　深圳当代艺术与规划展览博物馆（MOCAPE）
(a) 立面效果图；(b) 室内效果图；(c) 机器人精确铸模、组装、焊接和抛光双曲金属板

是传统哲学意义上的认识论。那么，非线性结构形态系统应该是一个具有启发性的、不可量化的经验性模型，避免深陷入哲学的讨论之中。

在全球化的复杂现实中，运用线性思维方式进行建筑创作是危险的，可以从生态和审美两方面来看。从长期来看，每一座大跨建筑对于生态全球化的影响是不可预测和不可控制的，我们必须考虑它们的非线性效果。尽管我们无法预见其长期发展的结果，但是却不能掩耳盗铃，亦不能停止一切未知后果的行动；而是应该积极地处理好建筑与其所处环境之间的生态关系，以对其生态带来最小的影响为"善"。更进一步的是"美"，因为美是建立在善的基础上。善是建筑成立的伦理标准，而美是一种更高层次的追求。从复杂理论来看，一座建筑的风格或视觉效果对其来说是一种特定，然而对于一个城市或一个国家来说，代表的是一种城市或国家的历史与文化。每一个历史时代最具代表性的美的建筑，都融入了那个时代顶峰的技术与创造力，因此，建筑的美是在技术应用与突破中涌现出来的。

我们应该从实际问题与经验中探索建筑学的伦理标准。因为设计的伦理标准是随着社会文明进化而深深植入我们的文化之中的，并非某一类学者的论点，也并非是神秘力量的昭示。当我们考虑长远的人类社会文化演变时，至善至美就是人们一直为之奋斗的个人尊严。建筑师正在从更理性的角度，尤其是建筑性能化以及建筑智能化的角度思考建筑形式与生态和审美之间的关系与意义。如何在设计伦理的标准下，通过对数字化设计与数字化建造技术的开发应用，进而从本质上真正提升建筑与自然、建筑与人的关系，正在成为建筑学研究的重要课题。运用复杂性思维重新审视建筑设计，其结构形态从线性到非线性之间的空间体现的是人的意识的参与，实则是对至善至美伦理的追求。

1. 建筑与环境的和谐共生

建筑与环境的关系一直是人们所关心的问题，特别在建筑学中关于生态设计的研究是以设计可持续建筑为目标的。由于高度工业化在提高生产效率的同时带来了原本无法预期的生态化问题，因此，对于新技术的应用，人们是持怀疑态度的。而许多建筑师分别从理论或实践中进行这方面的思考，如安托·彼康（Antonie Picon）教授在《建筑和虚拟：走向新物质性》一文中提出，从材料到建筑、从设计到建造全面实施的创造背景下，建筑师应该比任何时候都负有更多责任；又如，森俊子（Toshiko Mori）教授认为，同其他公民一样，建筑师必须积极思考"我们应该在哪里建造，建造什么，如何建造以及用什么建造"；另外，2014 年普利兹克建筑奖获得者坂茂（Shigeru Ban）的可贵之处就在于，其在探索物质性和技术革新的同时追求可持续性结构的设计，展现了强烈的社会责任感。根据自然界形成的原理和原则，来谋求其应用，应该把建筑看作社会资产从而进行长远的规划[24]。那么，我们相信对于建筑设计来说，与环境的和谐共生应该是一个永恒的伦理问题，因此，非线性结构形态作为一个复杂系统，应该在数字技术的支撑下更进一步地接近可持续建筑的终极目标。

首先，我们可以从整个地球的角度认识建筑与能量之间的关系。当 20 世纪 70 年代的能量危机爆发时，人们对能量的认识还不够全面，因此，从未考虑过能量短缺所造成的严重影响。而世界上著名的建筑师、结构工程师、发明家富勒对建筑与能量的关系进行了一生的探索。可以说，富勒的整个设计都贯彻着低碳的理念，他希望通过改变人们对能量认识及现有的设计方法，从城市、经济、时间、生态圈等多种角度考虑能量的利用。富勒最根本的理念通过曼哈顿穹顶项目（图 2-27）得以体现。这个项目被认为是一个能量装置，一个以热力学为基础的设施。通过利用张拉穹顶结构罩住曼哈顿市中心，穹顶内部的城市可以成为一个完整的、自给自足的新陈代谢系统，拥有适合生存的气候并提供必要的生态机制。

继而将视角放大，逐渐靠近建筑以认识建筑与其周围栖居的城市及自然环境之间的能量关系。伊纳克·阿巴洛斯（Inaki Abalos）在 2013 年，按照从过去—现代主义—现在的时间维度，对建筑形式与被动系统、主动系统在可持续建成环境中所扮演的历史性层级关系，绘制出了图解（图 2-28）。从图中可以看出，人类在认识建筑与能量关系经历了三个阶段：最初，从物理学中能量流动的观点认识建筑学；其后，随着机械调节环境装置的出现而逐渐形成将建筑与能量相互隔离的时期；近年来，基于环境复合问题与复杂理论出现，人们更加关注从一个完

图 2-27　曼哈顿穹顶（Manhattan Dome）（1960 年）

整自然系统的角度观察建筑与能量之间的相互作用，并逐渐远离关于环境隔离的错误理解。建筑被视为与社会、技术、文化、经济、生态相关联的集合体，并从根本上成为热力学能量消散和聚集的主要承载体。

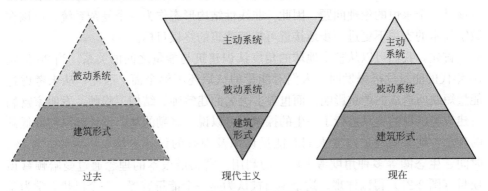

图 2-28　被动系统、主动系统与建筑形式之间的三元关系

　　根据上文对大跨建筑结构形态的特质解析，我们知道大跨建筑如同一个空间界面，其内部空间与外部环境所有元素都处在一个开放的能量系统中（图 2-29）。在这个开放的系统中，界面内外的光（太阳日照与室内照明）、热（辐射热）、风（空气流动）等能量时刻都在通过界面层进行交流，而建筑内外环境也无时无刻不在发生变化。在这里，建筑如同一个可以进行新陈代谢的物质，那么能量的吸收与释放是通过结构形式与性能实现的。

　　数字化物理仿真技术为高性能的建筑设计提供了技术支持，而 3D 打印及工业机器人建造等数字化建造技术为精准的操作提供了技术支持，因此，非线性结构形态为建筑与自然、建筑与人的契合提供了机会。建筑系统与环境之间的能量

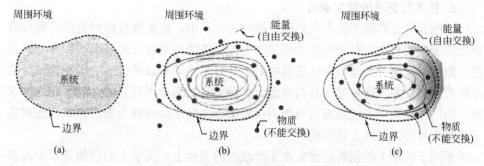

图 2-29　不同系统的能量交换状态
(a) 基本组成；(b) 开放系统；(c) 封闭系统

交换可以通过环境可视化模拟进行观察。高性能建筑追求的是以更加贴切的人的行为，创造更加舒适、便捷与人性化的空间（图 2-30）。对于大跨建筑来说，结构形态的设计与开放系统之间是通过结构的几何、材料与构型的复杂组织完成的。

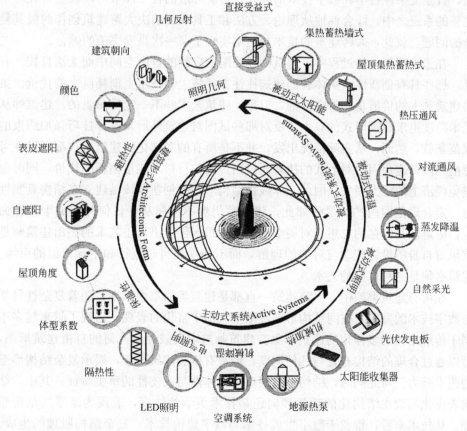

图 2-30　建筑形式在可持续建筑环境中的首要性作用

2. 技术与艺术的数字融合

道德和审美是属于整个人类的精神财富，其中，审美被看作对美的研究或者说是关于美的科学。对于美学的感知能力与创造能力是与人的基因、教育分不开的。但对于大部分人类的共性是其中对于美好事物的感知所组成的特殊领域形成了审美感知，并且这种感知是与善恶、有益无益的思考相对立的。对于建筑师来说，他的作品美学表现得成功与否不仅取决于他的作品内涵及表达方式，还取决于观察者与评论者的主观偏爱。

不同于技术上的创新是建立在不断改进的基础上，美学上的创新是永恒而多变的。一方面，我们可以说随着美学的更迭，没有哪一座建筑是永远美的；另一方面，我们也认同一位具有高度职业精神的建筑师所设计的建筑一定是美的这一观点。

在寻找建筑美的过程中，将建筑与结构进行分工的做法是非常愚蠢的。随着事情的不断发展，长期分化的独立学科的综合整合已经在当下的建筑业内呼之欲出，直至复杂性科学和数字技术的渗入，传统分散的各个环节可以被整合在一个完整的系统之中，综合性地从理论、方法和工具层面解决大跨建筑创作的极其复杂的问题，就此，大跨建筑的技术与艺术实现了又一次高度完美的融合。

在追求建筑美的过程中，建筑师往往陷入广阔的自由空间中而无法自拔。有时，那些具有创新性审美体验的建筑往往在经济上和技术上消耗巨大的代价。虽然建筑艺术的价值是非常宝贵的，但是，建筑艺术并不一定是昂贵的。建筑师从艺术角度追求建筑形式的自由，反对那些试图对建筑外形及设计技巧强加约束的规范条款，然而，从实际情况出发，并不是所有的多样化的建筑形式都可以在考虑范围内，避免因为对形式的执着而付出过高的材料和能量消耗的代价，同时也避免经济上的巨大损失。因此，非线性结构形态的创新应该是建立在结构真实性与一定合理范围内的。尽管如此，建筑师仍然不应屈从于任何外部的干涉和命令，应遵从其内在的思想与对美学的理解。很多创造出真正艺术的杰出建筑师是秉承着自身的设计理念与对美的理解，而不是受到当时流行和主导价值的束缚。建筑必须是一种自由的艺术。

在所有建筑类型中，大跨建筑一直都是建筑美的集中体现。随着复杂性科学与数字技术的发展，空间结构形态逐渐呈现出丰富化的表现，出现了越来越多不同于传统结构的多样化的建筑形象。建筑师追求突破经典几何的自由建筑形态，可以通过合理的结构布置与几何调度，创造有机的建筑形象，展示复杂结构形态的艺术魅力。与此同时，结构形态展现出整体性与表皮性的审美特征。其中，结构表皮化与表皮结构化的美学倾向还是技术美学的体现，表现为暴露的结构肌理。从技术来看，得益于数字生成技术与数字建构技术，复杂结构肌理的生成、计算与建造成为现实；从美学来看，极为丰富、多样化的结构肌理担当着传递力流的主要职责，其千变万化的形态表达了建筑师对力流的控制、对材料的运用、对美学的把控。那么，非线性结构形态的美已经不再是简单而纯粹的美，而是复杂多变、打破常规的美，更重要的是，这种非线性的建筑美表达了新时期下建筑师与结构工程师才华与智慧的碰撞，表达了数字技术与人类情感的交织。

2.2.4　非线性结构形态的理论框架

根据前文将复杂性科学引入大跨建筑设计之中，并将复杂性科学与大跨建筑的核心对象——非线性结构形态进行深层关联。分别从设计思维的深层关联——复杂整合、设计手段的深层关联——数字协同与设计伦理的深层关联——至善至美，层层搭建起非线性结构形态的理论框架，将各个维度、各个层面及各个要素之间的关系进行绘制，并最后形成非线性结构形态的理论框架图（图2-31）。

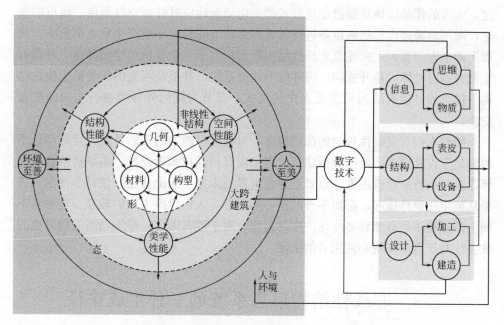

图2-31　大跨建筑非线性结构形态的整合平台

从图中可以看到最显著的特点，即数字技术成为整个非线性结构形态理论框架的核心。一方面，数字技术承担了非线性结构形态各个层级的关联职能。其连接了非线性结构形态系统中的结构——形、大跨建筑——态、环境与人之间的自下而上的层级性，使层级之间各要素的非线性相互作用成为可能。另一方面，数字技术承担了大跨建筑设计各个维度的协同职能。通过数字技术的作用本质，即通过数字信息将思维与现实进行互相转译，将非线性结构形态的设计构思与加工建造建立直接联系，并通过数字化加工建造的应用对建筑设计进行支撑。与此同时，从物质层面连接了结构与表皮、设备。

基于非线性结构形态理论框架的建构，大跨建筑非线性结构形态可以直观地被看作一个复杂系统。当然在本书2.1.3中已经对复杂系统与非线性结构形态系统进行了本质关联，即非线性结构形态系统是一个复杂系统。建筑不同于生物结构，抑或是社会经济活动一般，具有无穷变化的动态性。相比之下，建筑更注重结构的稳定性，规模越大的大型公共建筑的基本使用年限要求越高，但是，建筑结构的稳定性和抵抗环境变化的能力与其具有生命特性般的建筑活性是不相矛盾的。从使用功能上考虑，一栋大型公共建筑使用年限要求在100年以上，但在100年之间社会、经济、审美、环境等因素都在改变，只有不断地通过建筑自身的调整才可以使建筑经久不衰。这种适应环境变化的能力就是一种生命活力的体现。再从物理环境上考虑，一座大跨建筑在使用过程中，需维持内部环境的舒适度，优秀的作品应该是通过建筑形式的变化动态地应对外界空气温度、湿度的变化，而不是通过内部机械设备进行无成本的调节同时对环境产生更大的影响。从以上两个方面看，大跨建筑非线性结构形态相当于一个有机的空间界面，是具有生命力的有机体，是开放的、可呼吸的耗散系统，甚至是可变的。类似于生命结构一样，通过建筑结构形态及表皮的形式，调节与其内外环境进行实时的能量交换。

随着人们对复杂性科学的深层理解、对计算机能力的不断开发，建筑师已不再满足于仅从形式出发的异型建筑，而是向以科学技术为先导、多学科融合的先锋建筑——数字建筑进发，这就是建筑世界的未来。无论从复杂性科学谈起，还是从数字化设计谈起，都离不开的核心问题即是人们思维方式的转变。这种自下而上的过程正是自然界多样化产生的过程，对于建筑而言，建筑创新的同时更应该关注对于自然环境和使用者的关照。

2.3 非线性结构形态系统的三种生成途径

从上文2.1.3节对复杂系统与非线性结构形态系统的比对并提出非线性结构形态系统是一个复杂系统的观点。因此，复杂性科学与方法适用于非线性结构形态系统的研究。笔者选取与大跨建筑结构形态系统密切相关的三种方法，即涌现生成方法、遗传进化方法和适应维生方法，分别与非线性结构形态系统的生长、演化和维生过程建立联系，并以此输出相应的结构形态生成途径（表2-6）。非线性结构形态的创新活力正是源自这三种方法及途径，在满足结构系统力学合理性的基础上与环境、人取得完美融合。

非线性结构形态系统生长、演化、维生的三个阶段　　　　　表 2-6

方法	解释	对应过程	关注问题
涌现生成方法	关注组织系统是如何诞生的;探讨组织如何诞生的问题	非线性结构形态系统的生长	非线性结构形态系统的生成条件分析
遗传进化方法	关注组织系统的遗传进化过程;探讨系统的发展演化问题	非线性结构形态系统的演化	非线性结构形态系统的演化过程分析
适应维生方法	关注组织系统对环境的适应性;探讨系统与环境之间的维稳或生存问题	非线性结构形态系统的维生	非线性结构形态系统的维生机理分析

2.3.1　非线性结构形态系统的生长途径

1. 涌现生成方法对非线性结构形态系统生长的启发

从语言上来讲，涌现是对英文"emergence"的转译。首先，emergence 释义为 come up out of liguid（从液体中浮出），come in to view（现出、显现），issue（生成、露出）等。最后，emergence 一词后缀"-ence"的拉丁原意表示"状态"，即表示涌现的过程。因此，涌现所表示的是从开始那一端的"生"到结果那一端"成"的过程，"生"与"成"就是涌现一次的起点和终点。"生成"的过程便是"从无到有"的过程。

涌现的哲学思想在东方文化中其实并不陌生。老子早在两千多年前就被提出了终极的哲学问题，如"有生于无""道生一，一生二，二生三，三生万物"等，这些问题就是在探讨生命物质的终极来源，丰富多样的大千世界是如何生成的？而在西方，亚里士多德是最早提出涌现思想的哲学家，其"整体不等于部分之和"的观点在当下的复杂性科学中仍然是关键性论点，不等式两侧之间的差异就是涌现行为存在的证明。他还提出了从潜能性（potentiality）到涌现性（actuality）的生成原理。"潜能性"与"涌现性"是一对对应的概念，与之相应的则是质料（matter）与形式（form），质料便是潜能性，而形式则是涌现性，把形式加于质料，便是从潜能性达到涌现性，即所谓的"成（becoming）"的过程。进而，霍兰提出涌现的本质，即由小生大、由简及繁的生长过程。图 2-32 表示 7 种积木块的多种组合方式，表明复杂系统是由相对简单的积木块的不同组合形成的，而系统最终呈现出来的复杂程度一方面由基础构件的种类决定，另一方面又与积木的重新组合方式有关。

那么，涌现在复杂系统中是如何体现的？斯泰西（Ralph Stacey）在其著作《组织中的复杂性和创造性》（1996）一书中说："涌现中的总体式样是不能从产生它的局域行为规则中预言到的[25]。"也就是说，个体行为与整体系统行为规则是有差异的，个体行为无法替代或按比例比拟整体系统行为，整体系统行为模式也无法还原为局域个体行为。因此可知，系统涌现而成的整体复杂行为模式是其

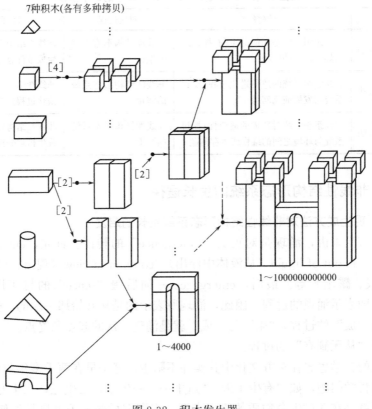

图 2-32　积木发生器

局域行为个体按照一定的相互作用关系，共同发生的整体性行为。

通过对涌现现象的深入研究，范冬萍在复杂性科学哲学与感知控制论国际研讨会（2006 年）中提出了涌现的四条基本特性[26]：第一，整体性，即系统表现出具有全局模式的整体性；第二，新颖性，即系统从简单中生成复杂的新颖性；第三，不可预测性，即非迭代模拟的不可推导性和不可预测性；第四，不可还原性，即系统各层次之间一定程度的不可还原性。

总之，涌现理论揭示了复杂系统中层次与层次之间的跨层级的因果脉络，表现为从局域低层次的行为主体到高层次整体模式的跨越。涌现生成方法的重要意义在于对复杂系统起源和生长机制的探索与认知，并可应用到其他复杂系统的研究中。

2. 非线性结构形态的单元繁衍途径构思

复杂性科学中的涌现生成方法为我们揭示了非线性结构形态系统的生长途径。涌现生成方法的实质就是复杂组织的生成条件分析，因此，我们可以把涌现生成方法看作认识非线性结构形态系统生长过程的原理和方法，在非线性结构形态系统整个生命过程中具有首要的意义。对非线性结构形态系统的生长的研究，可以认识结构系统的起源与生长逻辑，关注结构形态设计的秩序与方法。运用这一方法，我们可以科学地分析非线性结构形态生命周期第一阶段的涌现生成的现象与规律，并指导我们通过创造涌现的条件和规则，从而建构所需要的结构形态。

结构生成主体是结构涌现生成的首要条件。主体是一切涌现生成现象发生的始基或种子，是涌现生成的首要条件。这也表明涌现生成不是完全从无到有的过程，而是从有到有。如同对于宇宙系统来说，物质就是该系统的主体，同理，生物分子是基因系统的主体、细胞是生物体的主体、细胞处理器是元胞自动机的主体。对于结构形态系统来说，其生成主体即是结构单元。

如同生物结构，结构主体所携带的基因属性，将直接关系其所生成系统的整体性能。从这里可以得出，我们可以将建成后整体建筑风格植入最基本的结构单元之中。那么，对于非线性结构形态来说，结构性能的合理性是最基本的原则，因此我们在选择结构单元时，要从结构合理性的角度出发，对其进行筛选。满足了最基本的要求之后，设计者可以根据主观倾向对结构单元进行加工，如对构造方面的特别设计或者对结构材质的选择等。因此，结构单元的设计途径为建筑师提供了极为广阔的设计空间。

结构受限生成是结构涌现的重要规则之一。更重要的是，在受限的同时结构系统可以吸收极大的养分。除生成主体之外，涌现生成的条件还包括要素间的非线性相互作用、受限生成、自组织和环境适应四个条件。主体间的相互作用受到系统内在规则约束，是一个受限生成过程。对于结构系统来说，其受限生成是相对于建筑与建筑所处的环境而言的。这里运用了前面非线性理论框架搭建中复杂系统的层次关系，系统内核结构形式的塑造受到建筑性能以及环境、人的反作用或者说是限制。反过来说，建筑性能的需求与环境的限制条件对于结构形态创作来说，正是灵感的来源，亦是非线性的来源。

涌现生成系统具有适应和学习能力，能够应变复杂多变的环境。其可以帮助我们了解什么样的条件能够诞生复杂组织，并帮助我们创造复杂组织的有利条件。从环境因素、人的因素和结构自身的因素出发，按照当时当地的特点进行结构形态的创新生成，不得不说是一种积极思维的开拓。这种涌现方法旨在激发结构生成主体与生成逻辑的创新。

2.3.2 非线性结构形态系统的演化途径

1. 遗传进化方法对非线性结构形态系统演化的启发

遗传进化方法是针对复杂系统在生命周期中的进化、演化或者说发展阶段的分析。在系统诞生并站稳脚跟之后，必然要进入发展、生长阶段，只有生长这个阶段，系统才能走向成熟。遗传进化方法是探讨组织诞生并稳定下来之后如何通过选择、交换、变异等手段让组织不断生长、发展的一种科学方法。通过遗传进化方法，我们可以使长期困扰人们的发展机制问题得到科学的解释，并把握继承和创新的具体方法，掌握系统发展的规律、路径和动力，从而揭示组织生长的科学奥秘。

因此，遗传进化方法的应用主要分为三步：第一是选择继承，继承是一切发展的基础和平台，选择优秀的种子并让它得到继承且发扬光大，第一步就是要确定遗传机制，揭示组织传承的微观过程。第二是综合创新，在继承的基础上必须有突破和创新。创新的手段有两种，其中大部分创新都是利用原有的东西进行交叉，让来自父本和母本的不同基因进行相互交换，通过优势互补而形成杂交优势。第三是原始创新，在现有基因的基础上进行变异，对原有的东西进行突破，通过变异而产生新的组织形式，新事物往往是通过变异产生的。

通过模仿自然生物遗传进化的过程，从遗传进化理论中发展出四大进化算法，分别为遗传算法（genetic algorithm）、进化规划（evolutionary programming）、进化策略（evolutionary strategy）和遗传编程（genetic programming）。这些算法是将生物进化的基本思想运用到人工系统的设计与控制之中。其中遗传算法是目前应用范围最广，研究最为成熟的一种进化算法。遗传算法是在 20 世纪 60~70 年代，由美国密歇根大学的霍兰教授与其学生和同事发展起来的。具体来说，遗传算法通过深入系统的染色体层次建构一套分析方法，利用优秀的父母染色体进行大量复制而继承父代优势的后代，通过交叉和突变产生新的后代，从而得到了新陈代谢哲学思想的科学表达。

2. 非线性结构形态的材料拓扑途径构思

从遗传进化理论可知，生物结构在交叉和突变中将适合环境的基因保存下来，从而实现进化过程。而对于结构工程来说，如何衡量基因保存抑或是突变的标准是一个重要问题，而往往将其归结为求最优解的问题。结构优化设计正是一种帮助建筑师进行复杂的数字模拟、优化以及迭代运算以实现结构设计的多目标用途分析的辅助技术工具。

从最本质来看，结构进化原理即是寻找结构材料的合理分布状态。利用复杂系统中的遗传进化原理对结构性能进行优化，优化的过程实则是对结构材料布置的调控，简单的表现为结构位置的变化，复杂的表现为结构材料密度的变化，以及分布位置的删减。

自然生物形态是经过漫长的生物进化而来的。对于结构来说，可以模拟生物进化过程，优胜劣汰，利用计算机有限元方法模拟生物进化过程，通过迭代从而得出结构性能更优的形态。更让人惊喜的是，这种进化算法不但可以优化结构性能、优化结构材料分布，还可以改变结构所呈现出的形态本身，更加可以生成人脑所无法想象的自由多变的结构形态，这点对于建筑创新来说具有巨大的创新活力。因此，从遗传进化原理出发，对结构形态的优化设计进行深入研究，一定可以发掘大量的丰富大跨建筑结构形态的设计途径。

结构进化理论与结构计算技术对塑造大跨建筑非线性结构形态具有巨大的积极作用：

（1）结构优化对实现自由浪漫的建筑目的具有积极作用。随着建筑跨度的增大、结构形式的不规则化，结构性能合理性一次次受到挑战，而不规则结构形态的可行性很大程度上取决于结构性能合理化，因此，结构自由化与结构性能化是一对必须要调和的矛盾。结构技术正是可以调和这种矛盾的手段，可以计算出既符合建筑功能、视觉效果要求又具有优良结构性能的结构形态。可对建筑师确定的建筑形态进行优化，在建筑形体生成后对所确定的形状进行修正，提高力学性能的合理性。

（2）结构优化已经逐渐超越技术工具而逐步成为一种设计方法。对于解决非线性大跨建筑结构合理性和创新性的问题而言，可以直接介入建筑生形的最初阶段，在方案设计阶段得出多种合理形状。经典的图解静力学理论等分析方法被转译成数字算法，建筑师也据此发展出基于结构性能的生形工具，更容易获得具有高性能、高适应性的结构形态。国内的实践应从现有的以结构性能为基础的找形方法，积极转化为改变建筑行业和学科内部单一的生产、研究模式，加强跨学科合作，建立由建筑、结构、材料、机械、生物等专业明确分工、紧密合作的团队平台。

（3）结构优化大幅促进了建筑师与结构工程师的紧密合作。在 SOM 建筑师事务所里，建筑师与结构工程师之间紧密合作 50 余年，是一种具有活力和创造力的合作文化，并极大地受益于计算机技术。第一，当前建筑师和结构工程师之间的合作关系更为紧密，合作过程中需要他们共同定义表现的目标与限制，共同确定几何形式，共同推测多种形式策略的可能表现质量。第二，基于计算机强大的分析计算能力和可视化技术，建筑师和结构工程师不断进行结构创新，共同运用计算机技术创造出新奇的结构概念和独特的建筑表现。

2.3.3 非线性结构形态系统的维生途径

1. 适应维生方法对非线性结构形态系统维生的启发

生命组织在千变万化的大自然中得以维持生存，是由于其具备一定的维生机理，我们将这种生存能力称为适应性。生命组织涌现生成之后，除了那些立即死亡解体的之外，一般都进入生长发育阶段，直到死亡解体之前都维持着组织的生命，也就是说，生命组织一般都有一定的适应环境的能力，在复杂多变环境中保持自我基本结构、特性与行为模式的能力。如果一种生命组织可以在其生命形成之后且在其整个生命周期内维持，应对外界复杂变化的环境，那么我们认为这种生命组织具备维生能力[27]（图 2-33）。对于不同重要性的建筑类别，规范中设置了相应的最低维生年限，称其为设计使用年限，如对于纪念性建筑和特别重要的建筑结构来说，其设计使用年限为 100 年。对于大跨建筑来说，其设计方案中的结构形态必须保证其在所处环境中维持生存 100 年以上，其在环境之中的生存能力是在设计之初需要面对的问题，也就是说非线性结构形态系统的生成是建立在对其适应维生能力的保证性判断下进行的。

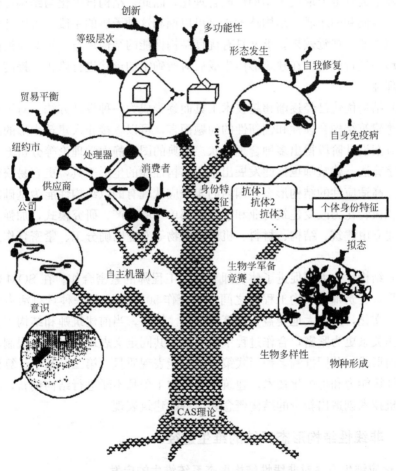

图 2-33　复杂适应系统的树形刻画

　　物种进化可以在个体生命适应环境的行为规律中找到根源。为了揭示生命组织的维生能力，霍兰在复杂适应系统理论中提出一套系统完整的理论机制。在这里，霍兰明确了两个含义：一个是主体，即积极实现生命目标的具有生命力的系统组织；另一个是适应性，霍兰认为主体与环境之间反复的交互作用与主动地调节自身行为及形态而维持在环境中的生存能力就是适应性。长期以来的遗传进化呈现出来的物种变化实则是生命个体在生存与维生过程中不断分化的结果。在与环境持续相互作用中，生命个体不断地获得并积累新的经验，并在与环境交互之中通过主体改变自身的组织结构与行为方式进而适应环境。这种自组织的适应能力是宏观系统演变与进化的基础机制，如新的层次的产生，物质多样性的出现，以及更大聚合体的生成等，都是在主动适应环境的基础条件上层层涌现而来的[28]。因此，非线性结构形态系统的适应维生是介于涌现生成与遗传进化中的过渡环节，是生命组织进化过程中由量变到质变的累积过程。

系统的维生问题与系统的稳定性问题是联系在一起的。传统的看法认为所谓的稳定就是保持不变，以不变应万变，这是一种静态的稳定观。事实上面对不断变化的多变环境，系统是不可能完全保持不变的，只能以变化应万变，在动态变化中保持着与变化环境的相互适应。这点正符合大跨建筑结构形态作为一种空间界面的目标，笔者认为对于空间结构形态来说，在结构稳定性之上的是与环境的交互能力。这种交互能力可以及时应对始终处于变化中的环境因素，并通过自身结构形态和设备装置、表皮构造对其进行回应。

2. 非线性结构形态的参数逆吊途径构思

复杂系统适应维生理论揭示出建筑与环境相互作用的关系以及机制。为了在环境中维持稳定，结构形态应具有良好的环境适应能力与学习反馈能力。对于建筑来说，尽管我们已经明确了建筑应该适应环境的目标，然而，具体的其适应环境的途径又是什么？通过上文的分析，我们已经得出建筑在受限生成的过程中吸取了环境中的养分，成就了其形态的多样性。因此，首先我们需要做的则是调动环境各方面的因素与条件，挖掘环境对结构的塑形能力，并建构环境与结构相互作用的数字模型。

其次，需要建立结构形态与建筑环境之间的关系模型。纵观大跨建筑以及空间结构的历史，不难看出在结构形态发展的一个辉煌阶段即是通过经典的物理找形而实现的技术与艺术的高度融合。物理找形法在实验过程中完美地结合了自然界中的重力以及事物之间相互作用的规律，在环境的促进下完成结构找形，这样所得到的结构形态与环境从本质上是有内在关联的。另一方面，随着数字仿真技术的发展，现实世界的力可以在计算机中编程模拟，这点为物理找形方法的数字应用提供了巨大的技术支持，如若没有这种技术保证是难以实现的。从这两个优势可以得出，我们对结构形态适应维生的特性可以从物理找形方法的数字演绎切入探索。

最后，抽象出环境中的物理参数，并结合大跨建筑的设计构思建立参数之间的调控关系。对于建筑师来说，设计构思是从设计任务书上的要求开始的，从地形条件出发，带着建筑功能、规模、空间组织等具体的组织进行整体构思。而物理参数对于建筑师来说则是较为抽象的概念。那么，如果可以通过参数化编程手段将结构形态与物理环境相作用的规则编写为一种算法，而将算法的输入端设置为建筑师所能掌控的设计语言，如建筑边界条件、空间高度等参数，那么就极大地提高了其应用价值。假设参数模型及输入端、输出端都设计好，则可以在参数不断调节中得出丰富多样的结构形态。

2.4　本章小结

本章引入复杂性科学以应对越来越复杂的大跨建筑设计问题。首先，将复杂性科学与大跨建筑设计进行关联建构，依次建立复杂性科学的特质与大跨建筑设计问题的关联，康德三个哲学问题与大跨建筑设计中建筑师的哲学思考的关联、复杂系统与非线性结构形态系统之间的关联。

其次，从康德三个哲学问题出发，通过对设计思维的复杂整合、设计手段的数字协同与设计伦理的至善至美三个层面的理论分析建构非线性结构形态理论框架。第一，从设计思维层面建构结构、建筑与环境及人之间自下而上的层次性，从系统构成方面建构八个系统要素（几何、材料、构型、结构性能、空间性能、美学性能、环境、人）之间的非线性相互作用。第二，以技术为核心，以数字信息为媒介将建筑师的设计思维与物质实体进行相互转译，并通过设计、加工与建造的全产业链数字协同将虚拟与现实落实。第三，通过对建筑师伦理问题的思考，明确大跨建筑设计应该与环境相协同、与使用者相依存的至善至美的设计目标，并以此连接建筑与人、建筑与环境的关系。

最后，在非线性结构形态理论框架之上，运用复杂性科学中的与复杂系统特性相对应的三个复杂性理论与方法（涌现生成理论、遗传进化理论、适应维生理论）与非线性结构形态生成进行相互关联。通过对理论分析以及对非线性结构形态设计的启示，提出基于涌现生成的单元繁衍、基于遗传进化的材料拓扑以及基于适应维生的参数逆吊三个生成途径。

2.5　参考文献

[1] 苗东升. 复杂性研究的现状与展望 [J]. 系统辩证学学报，2011（4）：7.

[2] 许国志. 系统科学 [M]. 上海：上海科技教育出版社，2000：299.

[3] 黄欣荣. 复杂性科学方法及其应用 [M]. 重庆：重庆大学出版社，2012.

[4] 史蒂芬·霍金. 果壳中的宇宙 [M]. 吴忠超，译，长沙：湖南科学技术出版社，2006.

[5] LI T Y, YORKE J A. Period three implies chaos [J]. The American mathematical month-

ly，1975（12）：985-992.

[6] 克劳斯·迈因策尔.复杂性思维——物质、精神和人类的计算动力学［M］.曾国屏，苏俊斌，译.上海：上海辞书出版社，2013：22.

[7] 梅拉妮·米歇尔.唐璐，译.复杂［M］.长沙：湖南科学技术出版社，2011：14.

[8] 黄欣荣.复杂性科学方法及其应用［M］.重庆：重庆大学出版社，2012：2.

[9] OXMAN R，OXMAN R. The new structuralism：design，engineering and architectural technologies［J］. Architectural design，2010（4）：14-23.

[10] 保罗·西利亚斯.复杂性与后现代主义［M］.曾国屏，译.上海：上海科技教育出版社，2006.

[11] 苗东升.系统科学精要［M］.北京：中国人民大学出版社，2006：60，119-120.

[12] 王仕统.大跨度空间钢结构的概念设计与结构哲学［G］//中国工程院土木水利与建筑工程学部.论大型公共建筑工程建设——问题与建议.北京：中国建筑工业出版社，2006：68-84.

[13] 陆赐麟.近年我国钢结构工程设计与实践中的问题与思考［G］//中国工程院土木水利与建筑工程学部.论大型公共建筑工程建设——问题与建议.北京：中国建筑工业出版社，2006：60-67.

[14] 克劳斯·迈因策尔.复杂性思维——物质、精神和人类的计算动力学［M］.曾国屏，苏俊斌，译.上海：上海辞书出版社，2013：3.

[15] 梅拉妮·米歇尔.唐璐，译.复杂［M］.长沙：湖南科学技术出版社，2011：5.

[16] 佐佐木睦朗.自由曲面钢筋混凝土壳体结构设计［J］.余中奇，译.时代建筑，2014（5）：52-57.

[17] 张弦.以结构为先导的设计理念生成［J］.建筑学报，2014（3）：110-114.

[18] 克里斯汀·史蒂西.建筑表皮［M］.贾子光，张磊，姜琦，译.大连：大连理工大学出版社，2009.

[19] 胥茨，齐伯.2011 年深圳世界大学生运动会体育中心设计［J］.建筑学报，2011（9）：60-61.

[20] 霍尔曼.案例研究：一个绿色图书馆，柏林自由大学文献学图书馆［J］.李菁，译.世界建筑，2013（3）：31-35.

[21] 袁烽，尼尔·里奇.建筑数字化建造［M］.上海：同济大学出版社，2012：6.

[22] 陈颖，周泽渥.数字技术语境下的高精度设计控制——凤凰中心数字化设计实践［J］.建筑学报，2014（5）：24-29.

[23] WALKER S T. 英杰华体育场，兰斯多恩路，都柏林［J］. 建筑技艺，2011（4）：112-115.

[24] 渡边邦夫.结构设计的新理念·新方法［M］.小山广，小山友子，译.北京：中国建筑工业出版社，2008：18.

[25] 拉尔夫·D·斯泰西.组织中的复杂性与创造性［M］.宋学锋，曹庆仁，译.成都：四川人民出版社，2000：149-171.

[26] 范冬萍.复杂系统的突现与层次［G］.复杂性科学哲学与感知控制论 2006 年国际研讨会论文集，2006：168-169.

[27] 苗东升. 系统科学精要 [M]. 2 版. 北京：中国人民大学出版社，2006：40.

[28] 陈禹. 复杂适应系统理论及其应用 [A]. //许国志. 系统科学. 上海：上海科技教育出版社，2000：252.

2.6　图片来源

图 2-1：克劳斯·迈因策尔. 复杂性思维——物质、精神和人类的计算动力学 [M]. 曾国屏，苏俊斌，译. 上海：上海辞书出版社，2013：462.

图 2-2：史蒂芬·霍金. 果壳中的宇宙 [M]. 吴忠超 译. 长沙：湖南科学技术出版社，2006.

图 2-4：李士勇. 非线性科学与复杂性科学 [M]. 哈尔滨：哈尔滨工业大学出版社，2006：150.

图 2-5、图 2-11：KOTNIK T. Digital architectural design as exploration of computable functions [J]. International journal of architectural computing. 2010；8（1）：1-16.

图 2-10：李飚. 建筑生成设计——基于复杂系统的建筑设计计算机生成方法研究 [M]. 南京：东南大学出版社，2012：31.

图 2-12：KOTNIK T. Algorithmic design：structuralism reloaded？//Rule-based designs in architecture and urbanism [M]. Stuttgart：Edition Axel Menges，2014：327-335.

图 2-13、图 2-14：袁烽. 从图解思维到数字建造 [M]. 上海：同济大学出版社，2016：305.

图 2-16：MASSIMILIANO F，DORIANA F. 天顶音乐厅，斯特拉斯堡，法国 [J]. 建筑技艺，2012（4）：150-153.

图 2-17：胥茨，齐伯. 2011 年深圳世界大学生运动会体育中心设计 [J]. 建筑学报，2011（9）：60-61.

图 2-18：https：//fdocuments. in/document/football-stadium-zaragoza-coop-the-new-stadium-of-zaragoza-is-located-on-the-out-skirts. html.

图 2-19：霍尔曼. 案例研究：一个绿色图书馆，柏林自由大学文献学图书馆 [J]. 李菁，译. 世界建筑，2013（3）：31-35.

图 2-20：ROMERO F，RAMOS A. Bridging a culture：the design of Museo Soumaya [J]. Architectural design，2013（222）：66-69.

图 2-22、图 2-23：孙明宇，刘德明，董宇. 分化整合——大跨建筑复杂结构形态的创作逻辑 [J]. 城市建筑，2015（9）：36-39.

图 2-24：HINES D. Interoperability in sports design [J]. Architectural design，2013（2）：70-73.

图 2-25：KESTELIER X D. Recent developments at Foster + Partners' Specialist Modelling Group [J]. Architectural design，2013（2）：22-27.

图 2-26：http：//www. dezeen. com/2015/10/23/robotic-construction-3d-printing-future-wolf-d-prix-interview.

图 2-27：GALIANO L F. Utopian proposals：cities in spaceship earth [J]. AV monografias，2010（143）：18-19.

图 2-28：KIEL M，RAVI S. The hierarchy of energy in architecture energy analysis ［M］. London：Routledge，2015：302.

图 2-29：KIEL M，RAVI S. The hierarchy of energy in architecture energy analysis ［M］. London：Routledge，2015.

图 2-30：袁烽. 从图解思维到数字建造 ［M］. 上海：同济大学出版社，2016：301.

图 2-32：约翰·H·霍兰. 隐秩序——适应性造就复杂性 ［M］. 周晓牧，韩晖，译. 上海：上海世纪出版集团，2011：35.

图 2-33：约翰·H·霍兰. 隐秩序——适应性造就复杂性 ［M］. 周晓牧，韩晖，译. 上海：上海世纪出版集团，2011：39.

▪第3章▪

——— 基于涌现生成的单元繁衍 ———

科学地分析建筑结构系统，应从两种维度去认识：一方面，运用还原论❶，由上而下地将复杂系统逐层分解成组成其系统本质的子系统或要素；另一方面，从涌现论出发，由下而上地将主体要素进行逐层整合，进而生成具有复杂性的整体系统。这两种理论的视角不同，在建筑设计中应在不同阶段相互协同。还原论侧重于对复杂系统的认识；涌现论则更倾向复杂系统的再现与创新。美国圣菲研究所认为："复杂性，实质上就是一门关于涌现的科学[1]。"涌现是对整体和高层次涌现性的一种具体表达和体现，是复杂系统自下而上生成的过程。

类似于自然生命，非线性建筑结构系统是由简单的基本结构单元在一定的作用机制限制下，进行非线性相互作用，最终生成相应环境的整体结构系统，呈现出具有多样性、整体性和适应性的形态。塞西尔·巴尔蒙德认为："依据笛卡尔学说而设计的规则结构框架如结晶体般，是一种瞬间现象，只是片刻的一晃而过的境况；然而，那些缠结的、不规则的、交叉繁衍的、重叠的结构却是来自自然核心的神秘力量[2]。"如果说前者是我们习以为常的建筑结构形态，那么后者便是非线性建筑结构形态。结合复杂性科学中涌现生成方法，按照其生成条件与生成逻辑设计出符合结构原理的非线性结构形态的生成途径。

3.1 结构单元繁衍的原理

单元繁衍，即结构以类似生命涌现的方法而形成其整体结构。具体来说，结构单元按照一定的规则生长成具有逻辑的结构形态的过程，也就是结构涌现生成的过程。结构自下而上的生长方式并非数字时代下的新产物，但强调这个概念及理论可以为结构创新带来新的思路、新的视角。在过去的大跨建筑实例中，优秀的结构形态案例是以生动的结构美而呈现出来的，皮埃尔·奈尔维利用混凝土材料建造的纹理有机的罗马小体育宫、富勒设计的充满科技感的圆形穹顶、圣地亚哥·卡拉特拉瓦（Santiago Calatrava）设计的极具韵律感的巴伦西亚科学城等作品，都是源于对结构本身特性与逻辑的了解，并可以驾驭其相互之间的组织方

---

❶ 还原论（reductionism）是主张把高级运动形式还原为低级运动形式的一种哲学观点。

式，整体性地构思结构性能与建筑表现。现在，在数字技术的工具辅助之上，我们是否可以将这种思维深化，假若可以对结构单元的配置以及结构生成逻辑进行设计，是否可以进行更广阔的设计创新。

3.1.1 结构涌现条件

1. 涌现的层次与生成主体

层次在复杂性科学中是一个重要的概念，是研究和刻画涌现现象的一个手段。不同于上文对非线性结构形态理论框架建构中的理论层次，这里所说的层次是表达生物生长过程中从细胞到组织，最后到系统甚至是群落的层次。通过复杂性科学的研究可知，系统生长过程是通过层级与层级之间跨越生成的结果，涌现表现为一个序列层级的连续生长的过程。

在这个涌现生长的过程中，低层级的个体或系统之间按照一定的行为模式通过相互作用，从局部向全局进行转换，进而产生一种新的整体模式，即一个新的层次。在科学描述中，低层次的系统行为主体作为"积木"，通过相互聚合、受约束生成新的层次，而新层次又可以生成更高一层的新的系统。就在不断生长出新层次的过程中，产生了层级性与新颖性。如生命的最简单的单元是原子，两个或多个原子是一种分子，许多分子是大分子，多个大分子形成细胞，一组细胞运作成一种组织，不同组织构成器官，进而形成一个器官系统，所有的器官系统是一个活的有机体，共同生活在一个地区的相同生物组，不同生物组之间形成一个共同体，共同体与物理环境包括生态系统相互依存，进而构成生物圈，以及地球上生命的区域（图 3-1）。

模仿生物系统生长过程而建构非线性结构形态的涌现层次。低层次的结构杆件按照一定

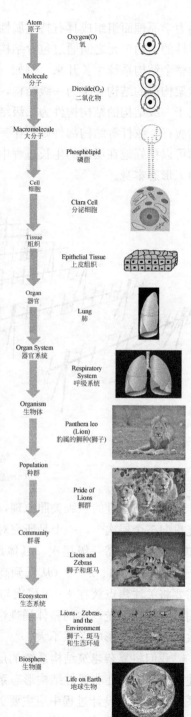

图 3-1　生物结构层次示意图

的力学原理而组织成具有特定属性的结构单元，接下来具有相同属性却又具有差异性的结构单元之间通过包含结构的力与建筑的力的相互作用，从小的结构组织向整个结构系统生长开来。例如，对框架结构进行分级划分，由支撑柱与主梁或屋架构成的结构骨架为一级结构，它在形态构成和结构安全方面起决定作用；从属于一级结构的结构构件为二级结构，例如梁、柱、屋架等；从属于二级结构中的腹杆、弦杆等结构部件则算作三级结构[3]（图 3-2）。由于过程的逻辑性，建筑师可以更好地在层次的生长过程中对其进行调控，从而将设计意图与使用者需求植入形态本身。

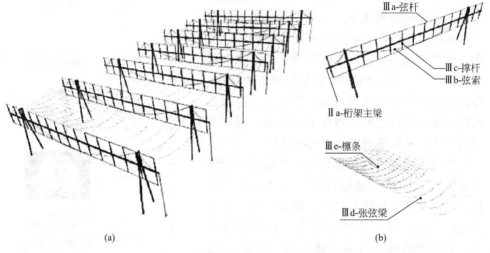

(a)   (b)

图 3-2　结构体系层次性的实例分析
（a）整体结构；（b）柔性屋盖

　　根据苗东升的三级关照原理，当选定了某个系统作为研究对象时，必须将目光投向三个层次[4]，一个是研究对象本身所在的层次，一个是相邻的低一级层次和一个相邻的高一级层次。具体地说，设定复杂系统的多个层次分别为 $k-2$、$k-1$、k、$k+1$、$k+2$（从低到高），若要考察其中的 k 层次的系统特性，那么需要将关注焦点放在 $k-1$ 层次与 $k+1$ 层级上的事物，$k-1$ 层级系统的相互作用是 k 层次系统产生的整体涌现性赖以产生的直接原因，而 $k-2$ 层级或更低层次对 k 层级的影响关系不大。

　　我们将复杂建筑结构系统的层次分为材料构件、结构单元、整体结构系统、建筑与环境。在非线性结构形态系统的涌现模型中，主要的研究对象是整体结构系统（k），在设计过程中应主要关注以下三个层次：结构单元（$k-1$）、整体结构系统（k）、建筑与环境（$k+1$）（图 3-3）。假设整体结构系统（k）为研究对象，那么结构单元（$k-1$）即为该系统涌现的生成主体。

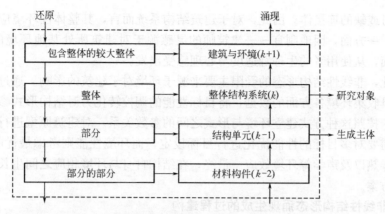

图 3-3　非线性结构系统的层级性与结构生成主体

2. 受限生成的积极作用

系统的受限生成过程为系统涌现的多样性注入了养分。尽管，涌现生成主体为涌现生成提供了种子，非线性相互作用为结构的涌现生成提供了作用机制。但是，如果没有合适的外在条件，不能促使涌现过程的实现[5]。系统与环境具有相互制约又相互依存的矛盾关系。相互依存表现为，与系统相关联的环境为其提供了复杂系统生存所需的外界资源；而相互制约表现在，系统所处的环境将对其施加压力，并限制其系统主体之间的相互作用关系。正因为这种相互制约与依存的关系，系统不得不以适应环境为标准，在系统与环境之间的受限生成过程中不断调节自身的生长方向。与此同时，环境的复杂程度将对结构系统的丰富性带来直接的影响，如充满复杂多变的环境将塑造出丰富多样的结构形态系统。

环境对于建筑设计的限制是一种具有积极作用的资源。"因地制宜"是较多建筑师推崇的设计理念，这里就将建筑与环境的关系明确提出来，每一座建筑应该适应其所处的基地环境。对于设计师来说，最困难的设计莫过于没有具体场地限制的任务，因为没有环境的因素，建筑反而没了根据。在施加限制的同时，系统环境也不断给予系统生长所需要的资源和养分。在建筑领域，早在 20 世纪 90 年代，由约翰·冯·诺依曼（John von Neumann）于 20 世纪 50 年代发明的元胞自动机就已使用于城市设计的功能分区规划中。假设在每一个规则网格中的元胞都具有一定的离散状态与相同的行为规则，那么大量的元胞在各自简单的行为及相互作用中形成了动态演化的新的系统。

结构涌现生成的过程是非线性结构形态与环境的双向建构过程。建筑师希望通过设计构思使建筑主动地适应所处外部环境，与此同时，环境在塑造建筑形态的同时也在或多或少被建筑改变着。建筑和环境是互相塑造的，可持续建筑即是在互相塑造中寻找平衡点的最佳状态。从人类与自然、社会环境的关系上讲，建筑是人与环境的中介，是建立在人与自然、人与社会的复杂构成内容之间合宜关系的不可或缺的连接体。因此，对于建筑结构系统而言，其整体性环境应包括人与基地。一方面，因地制宜——建筑师的灵感源于对建筑所处基地环境的思考；另一方面，从使用者的生理舒适度与心理感受出发。

因此，非线性结构形态的受限主要来源于环境对于建筑的影响。通过性能化分析工具收集环境各方面的数据，将目标性能的调控转化为对结构形式参数的关联调节，按照这种方式建立环境与形式之间的参数关系。对建筑原型进行性能植入首先需要对多目标的性能优化进行目标设定，而环境性能则考虑最优的日照、通风、导热以及声学等环境效应。最终，在结构自身与环境相应之间生长出适宜的建筑方案。

3. 非线性结构形态涌现生成的过程建构

将涌现论方法与非线性结构形态系统相结合，建构非线性结构形态涌现生成的过程。首先从结构系统的层次构成中析出生成主体，其次在生成主体间的非线性相互作用之中析出非线性结构形态生成逻辑，最后从整体结构系统的环境适应性之中析出环境响应的受限生成过程（图3-4）。因此，非线性结构形态系统涌现的三个主要因素为结构生成主体、结构生成逻辑与结构环境响应。

结构单元繁衍的设计思想即是这三者之间的相互作用及反馈过程：一是结构单元内部材料、力流、构型等特质或基因在结构生成中的放大与表现，深入地探寻某种材料、结构或技术性能对实现先导性结构形态来说是极其重要的；二是从环境中抽象出的设计灵感与结构单元形态之间的动态关系，因地制宜地将场地条件分析与建筑师经验构思相融合；三是环境中的微气候与结构整体形态之间的互动与平衡，建筑是一个复杂系统，我们把众多外部及内在因素看成影响设计的环境因素参变量，构筑并调控各种参变量与结构形态的响应规则，获得多解及动态的设计方案（图3-5）。

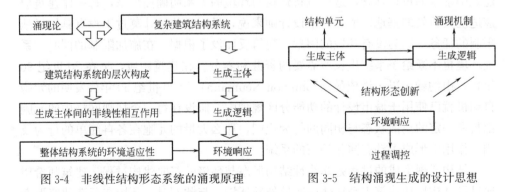

图 3-4　非线性结构形态系统的涌现原理　　　图 3-5　结构涌现生成的设计思想

3.1.2　结构生成主体

任何事物的涌现生成，都需要具有涌现生成能力的生成主体。例如，蚁群中的蚂蚁和神经网络中的神经元等，这些生成主体又被称为适应性主体（adaptive agent），即具有自己的目标、内部结构和生存能力及具有适应能力的个体。任何事物的涌现生成，首先都需要具有涌现生成能力的生成主体，如同设计建造一座建筑，无论建筑师想将其设计成什么风格抑或是形式，都离不开最基本的建筑材料与结构材料。

　　一个结构系统的涌现生成首先要有种子的存在，也就是结构单元。结构单元是结构涌现的最基本条件，是系统研究中研究对象次一级，是结构的生成主体。在非线性结构形态系统模型中，生成主体是系统层级（k）的前一个层级，即基本的结构单元（$k-1$），这种结构单元又是由次一级（$k-2$）的结构材料按照相应构造逻辑组织而成。每一个结构单元都蕴含着特定的内部特征与各自的适应能力，从主体层次上决定了整个结构系统的多样性与复杂性。根据某种生成规则或机制及环境的限制，结构生成主体可以生长出千差万别的非线性结构形态系统。

1. 结构单元的分类

　　结构单元，即能够维持结构形态稳定的最小单位。从霍兰对生成主体的论述可知，涌现生成主体在受到外界刺激时，会产生相应的反应行为，这种反应行为是由特定规则所决定。因此，类似于简单的分子或细胞等可以组成智能性的有机体，简单的结构单元可以组合成多种多样的结构系统。对于不同的结构单元来说，其所具有的不同属性可以促使结构单元按照不同的规则生长出性能各异的建筑形态。

　　下面从结构单元的复杂程度与结构单元的组织方式两个角度，对结构单元进行分类：

　　（1）按照结构单元的复杂程度分类。从结构单元的复杂程度出发，可以将结构单元分成三类：一维结构单元、二维结构单元及三维结构单元（表 3-1）。

非线性结构形态系统中结构单元的分类　　　　　　　　　　表 3-1

分类	概念	空间维度
一维	一条线	长
二维	在一个平面上的内容	长、宽
三维	在平面二维系中又加入了一个方向向量构成的空间系	长、宽、高

　　一维结构单元指的是一条线，一维空间中的物体只有长度，没有宽度和高度。对于结构物质来说，一维结构单元指结构长度成为影响其物质属性的最显著因素的构件。最常见的一维结构单元有两类：杆和索，前者受轴向压力，后者受轴向拉力。从材料使用分析，杆可以是混凝土、钢，也可以是木、纸等；索可以是钢或新型的碳纤维等。另从结构尺度分析，杆的尺度可以大到与建筑尺度相当的梁或柱，也可以小到网格结构中网格单元的最次一级的构件；索的尺度可以大

到与建筑尺度相当的巨大的悬索，也可以小到张拉结构或索膜结构中的细小得不可见的索单元。尺度越小的构件往往具有越大的灵活度，往往可以塑造出更为丰富多样的结构形态。

在一个平面上的内容就是二维。二维结构单元也极为常见，如拱、悬索、各类刚架、各类网格（三角形、四边形、六边形、不规则形等）、板等。在某种程度上可以说，大部分的二维结构单元通过一维结构单元组织而成，但不同于一维结构单元的是，二维结构单元在外荷载作用下其内部力流发生了转向，因此，形成了二维空间。

通常我们说的三维指在平面二维系中又加入了一个方向向量构成的空间系。相比前两种，三维结构单元可以非常多样化，那么可以从规则的三维结构单元与不规则的三维结构单元两种类型进行划分，其中前者包括空间网架单元、自由曲面结构单元、折板结构单元等；后者包括拓扑后的规则三维结构单元及类似于自然结构形态的如肥皂泡、生物细胞等的非线性三维结构单元。

（2）按照结构单元的组织方式分类。通过对现有已建成的非线性大跨建筑实例进行分析，结构单元大致可以分为两类，一种是具有结构自身特点的结构单元，另一类是以网格为核心的结构单元。

其中，结构原型又可继续分为力学结构原型、构造结构原型与生物结构原型。力学结构原型包括具有自身的结构力学特点的拱结构、全张拉结构单元；构造结构原型包括具有自身结构构造特点的叠加结构与互承结构单元；而生物结构原型是从仿生角度出发的结构涌现模拟，根据现有实例选取了具有肥皂泡的结构单元与海胆结构单元两种。

其次，网格原型又可依据异规理论而分为网格的变换、网格的分形与网格的镶嵌三类。从塞西尔·巴尔蒙德的几何异规理论出发，通过对网格进行变化从而探索出一条可创造出丰富多样化结构形态的途径。

不同的结构单元具有各自的结构性能及建筑性能，具有不同的力学传递方式及不同的塑造建筑形态的能力，这种个性特点又决定了各自不同的结构生成逻辑。在下文中，将按照结构单元组织方式分类的依据，对具有各种属性的结构单元进行探讨，研究各自的涌现过程。

2. 几何及性能的参数化植入

结构单元具有自身的结构稳定性，每一种结构单元都具有各自的属性及各自的生长方式。建筑的性能化信息可以通过参数化几何信息存储到建筑模型之中，并在最终的实体建造中实现。基础的结构逻辑可以促成原型的生成，将原型进行几何逻辑参数化后，通过当前的性能模拟软件对不同参数下的原型进行性能分析，可以建立起参数化原型中的控制参数与性能数据之间的逻辑联系，为进一步性能植入原型与多目标性能优化做好准备。

　　类似于细胞中相同成分的不同配比可以形成迥异的多种动物，结构系统的复杂性与丰富性来自于每一个结构单元的相似性与差异性。每一个结构单元具有自身的几何形式，其形式变化可以通过控制点的调节进行操作（图 3-6）。与此同时，每个结构单元的几何形式跟随其结构性能、空间性能或美学性能而渐变适应。结构单元之间既相似又具有差异性的特点是非线性结构形态非常显著的表现特征。例如，结构杆件的可调节参量（长度、高度、截面形状、截面尺寸等）都是系统多样性的来源。例如，2013 年上海创盟国际"自主建构"展览作品"轻拱"中，拱由 130 多块砌块单元组成，所有的砌块单元都是基于同一种参数化的几何原型，以适用不同的砌块形态要求（图 3-7）。

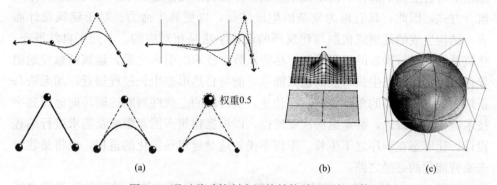

图 3-6　通过移动控制点调控结构单元几何形体
(a) 调控曲线形态；(b) 调控曲面形态；(c) 调控三维体形态

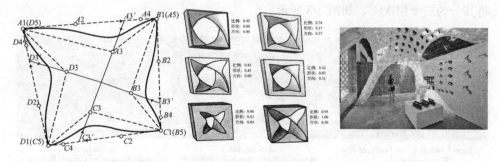

图 3-7　"轻拱"项目中砌块单元的参数化原型

3.1.3　结构生成逻辑

　　从生成的概念可知，在一定规则与规律的限制下，生成主体通过相互作用而进行一定的生长活动，最终形成具有复杂性、新颖性和不可还原性的整体系统[6]。这种不可预测的丰富性与复杂性正是通过简单的行为规则涌现出来的，即大量的简单行为共同相互作用时，生成主体层层涌现，并形成了巨大的整体性生长过程。

　　因此，我们可以明确这个观点，结构生成主体之间具有一定的逻辑性，即受到相应规则的具有逻辑性的行为。在自然科学中，这些约束一般都可以表达为函数或者方程式，如通过简单规则而形成的欧几里得公理、牛顿定律、麦克斯韦方程等；在自然生命中，每一个细胞都包含了单元与演化法则的全部信息，如 Y 形枝杈不断重复就变成了树根、树冠及树叶；在建筑中，这些规则表现为结构单元的多种组合方式，如并列、连接、叠加、拓扑、分形迭代及计算机算法等；塞西尔·巴尔蒙德认为结构设计中个体单元的复制、混杂及并置可以激发出一种更丰富的混合体以及流动的、弱化的几何形态。

生成主体并非随意随机地移动组合，而是要在一定的规则之中的。相对于还原论中的自上而下而言，涌现论中生成主体在自下而上过程中产生无数多的排列组合方式，因此，具有极为复杂的生成结果，也更具生命力。对于建筑设计而言，结构生成的规则或机制与建筑师的设计手法是相对应的。不同于自然形态，建筑是由人进行操控的工程系统，尽管从数字技术的引入之后，建筑师愈发地倡导自组织式的形态生长，然而也只能尽可能与自然形态生长过程逼近，却无法真正地实现。建筑师的角色也一直在转变，从传统的主观性判断逐渐转向运用数字技术进行协同设计，甚至退居次要地位，以根据建筑多因素影响及需求进行编程设计，让形态在程序之下生长。不得不说，这是建筑科学化的进程，也将是建筑未来智能化的必经之路。

托尼（Toni Kotnik）归纳了当下数字化建筑设计方法，并对数字逻辑之间的关系进行分析，按照计算机的逻辑原理、计算机利用率及输入与输出的关系，将其分为三个层次[7]，如图 3-8 所示。

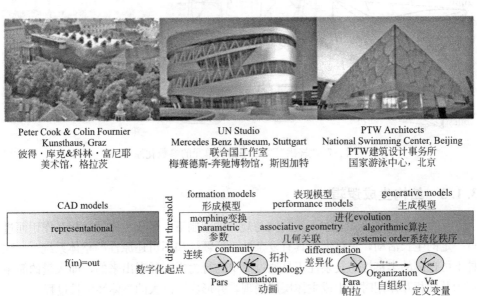

| Peter Cook & Colin Fournier Kunsthaus, Graz 彼得·库克&科林·富尼耶 美术馆，格拉茨 | UN Studio Mercedes Benz Museum, Stuttgart 联合国工作室 梅赛德斯-奔驰博物馆，斯图加特 | PTW Architects National Swimming Center, Beijing PTW建筑设计事务所 国家游泳中心，北京 |

图 3-8　数字计算的三个阶段

（1）描述设计（representational design）。第一个描述层次的特点是主要将计算机作为数字画图工具进行应用。例如 Peter Cook 和 Colin Fournier 共同设计的位于奥地利格拉茨的美术馆项目运用计算机 nurbs 曲线工具进行影剧院表皮的形式设计。在这里，没有真正地建立环境与计算之间的关系，整个设计过程仍然是按照草图式的视觉分析而进行的。

（2）参数化设计（parametric design）。第二个参数化层次的特点是对输入参数与输出参数建立一系列的可能性联系，通过在参数空间段连续变化的手段。运用参数化设计方法的一个非常经典的案例是由 UN Studio 设计的位于德国斯图加特的梅赛德斯-奔驰博物馆，其结构系统中每一个结构构件的形态都与其基础理念的四叶草形态相关联。在参数化设计方法中，结构的几何形态与建筑的其他重要的相关因素相关联，但输入与输出之间的关系仍然是在预料之内的、可控的。

（3）算法设计（algorithmic design）。第三个算法层次扩展了输入与输出之间的关系，将描述逻辑作为一种设计策略。运用算法设计的第一个实例为伊东丰雄与塞西尔·巴尔蒙德合作设计的伦敦蛇形画廊。另外一个实例是由 PTW 建筑事务所设计的位于中国北京的国家游泳中心（水立方），将肥皂泡结构形式作为一个理性且高效的结构策略，最终生成不规则且符合结构逻辑的结构形态。算法设计关注的核心在于设计的逻辑，即建立系统化、整体化的多因素的体系。典型的算法设计工具包括 RhinoScript，MEL（Maya 内置语言），Visual Basic，或3DMax Script 等；还有一些"图形脚本形式"，如 Generative Components 及Grasshopper 应用，通过使用自动象形图表绕开代码。算法技术以代码的使用为基础，通过对算法技术潜能的挖掘，建筑师可以更多地专注于智能化与逻辑化的设计流程。

真正影响非线性结构形态的技术动因即是数字技术，那么其系统的生成逻辑也可以认为是一种数字化逻辑，抑或是我们可以将结构涌现的逻辑进行计算机语言的转译。据此，我们将非线性结构形态系统的结构生成逻辑按照计算机应用的程度不同而分为 3 个层次：描述、参数化、算法（表 3-2），与此同时，该生成逻辑也可认为是建筑结构形态的设计策略。

3 种结构生成逻辑 表 3-2

结构生成逻辑	描述
第一层逻辑：描述	使用计算机进行辅助设计
第二层逻辑：参数化	参数化技术是以形式处理为基础，运用参数化软件，建立结构各参数与几何学的连接关系，通过局部的增量调整发生形态变化
第三层逻辑：算法	算法是运用程序技术解决设计问题；在数字化设计领域，通过脚本语言的编程从而摆脱用户界面的限制，直接通过操纵代码而非形式进行设计

总之，建筑师可以选取具有优越性能的结构形态要素，其应具有较好的结构性能也要具有较好的塑造空间和美学表达的性能，以作为结构生成主体。接下来，按照空间环境、物理环境、美学环境等多方面的要求，提炼出适当的结构生成逻辑，作为对结构生成主体涌现过程中的限制，使其在规则中生长，以确保其生长出我们所需要的结构形态（图3-9）。按照这种单元繁衍途径而生成的非线性结构形态，一定是同时具备结构性能、空间性能以及美学性能的有机结构形态，是可以同时满足建筑多方面需求的整体形态。

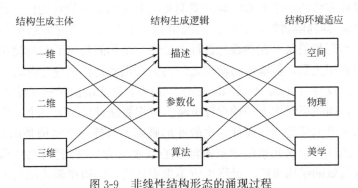

图 3-9　非线性结构形态的涌现过程

3.2　结构原型的空间生长

通过对已建成的大跨建筑进行研究，常用的结构单元包括力学结构原型、构造结构原型及生物结构原型。对于结构单元来说，结构性能是其内部的基本属性，因此，在生长过程中仍然具有结构合理性。

3.2.1　力学结构单元的繁衍

1. 拱结构单元

拱结构是一种传统的大跨建筑结构形式，它能够轻易实现砖、石和混凝土等抗压材料难以实现的大跨度结构体系。这源于拱结构的力学特点，一方面可将大跨度的结构荷重分解成压应力而减少结构内的拉应力；另一方面，拱结构会对外侧施加往外的拱推力，需要利用内部的拉杆或外部的支撑抑制其往外的拱推力以维持其结构作用。这两点相互制约，也因此促进拱结构体系的发展创新。

作为一种形态抵抗型结构单元，其抵抗外界荷载的能力是通过弧形形态实现的，将竖向的力流转化成水平的力流。那么，是否可以创新性地运用新材料及传统拱结构的受力规律而创造出新的结构体系？ICD/ITKE 研究所带着这样的问题进入 2010 年实验展馆的设计之中，希望能创新性地运用木材进行建造。为了实现拱形的结构形态，进而选取了可以弹性弯曲的胶合板材料。起初，根据胶合板的材料属性研究其构造方式以及力学分析，得出图 3-10 的结构单元，接下来以该结构单元为主体，按照以圆环线为轴线的几何逻辑进行生长，得出类似于面包圈的整体形态。整个生长过程是在计算机中完成的，在结构生长的同时，对其进行结构仿真模拟，配合制造及建造流程设计演示，最终实现了这座全新的结构形态，当阳光洒进来的时候，内部光莹浪漫。

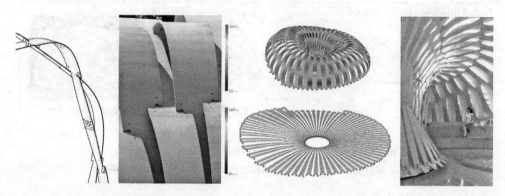

图 3-10　ICD/ITKE 研究展馆（ICD/ITKE Research Pavilion，2010 年）

　　拱结构常常作为竖向结构构件而形成内部水平空间。但是，塞西尔·巴尔蒙德在凯姆尼兹体育馆项目（Chemnitz Stadium）（德国，1997 年竞赛）中，对拱结构单元进行了创新性的应用。其将传统竖向的拱结构旋转 90°，形成水平方向的体系，那么如何将其运用在大跨建筑中呢？如若将若干个相同的水平方向的拱结构单元组织起来，相互抵消对方的水平拉力，便可以形成一张水平向的结构网络，从而围合下面的大跨空间（图 3-11a）。

　　起初，建筑师的构思是从环境出发，将凯姆尼兹体育馆屋盖想象成漂浮于空中的悬浮物，并与天空、大地的能量融于一体（图 3-11b），最早对屋盖结构形态提出很多种方案，如飘带等，但都没有纳入最后的考量之中。一方面因为考虑建造所需材料厚度及复杂程度，很难真正实现漂浮的状态；另一方面由于受到基地边界的限制，顶棚的环状轨迹同看台的后侧仅有三处交接点，但在这三处没有空间可供固定悬臂梁，且以三处为支点不可能形成所需的跨度。于是，塞西尔·巴尔蒙德创造性地提出了以拱代替梁的结构构思，设定一个伸向内侧空间的拱，这个拱具有很高的挠度和扭矩，但由于其结构自身力学特性而无法自稳固，因此，为了防止其垮掉则需要另一个拱支撑。在相互支持生长的过程中，新拱单元的数量不断增多，拱与拱之间相互交接生长进而构成了一个互相依托的像云一样的自由网络结构（图 3-11c）。这种战略性的方法使每个拱相互支持形成一种相互自助的格局，仅需要简单的竖向支承结构即可以完成整个结构体系，从而真正实现漂浮的美学意象。

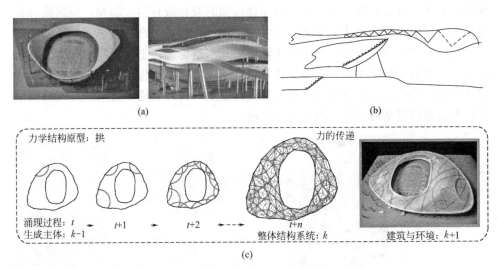

图 3-11　德国凯姆尼兹体育馆项目（Chemnitz Stadium）

(a) 实物模型；(b) 漂浮的屋盖构想；(c) 拱结构单元繁衍的过程

2. 全张拉结构单元

在 20 世纪 60 年代，肯尼斯·斯内尔森（Kenneth Snelson，以下简称斯内尔森）[8] 和富勒[9] 创造性地提出"张拉整体结构"的概念。从构成上看，张拉整体结构是由一组不连续的受压构件与一组连续的受拉构件组成的空间结构体系。富勒认为宇宙就是一个完整的张拉整体结构系统，宇宙中的星球可以对应不连续的受压构件，宇宙中的万有引力对应连续的受拉构件，因而在各个星球之间的旋转运动中，宇宙保持一定程度的稳定状态。由于张拉整体结构与宇宙自然地呼应，因此，成为研究的热点。如斯蒂芬·M·莱文（Stephen M Levin）[10] 用张拉整体结构解释骨骼与肌肉之间的构造关系，还有因格贝尔 D.E.（Ingber D.E.）[11] 应用其结构原理解释原子与分子排布的问题。

张拉整体结构在实际应用中具有以下优点：第一，动态平衡。张拉整体结构组织是在张力与拉力动态组织中寻求内力平衡，其内部力的变化与结构组织之间的敏感度较高，因此，在平衡中具有较大的自由度[12]。第二，轻质非连续。与传统结构体系不同，张拉整体结构通过拉力连接受压杆件，最大限度地发挥了结构材料的力学性能，并极易形成大空间。第三，空间延展性。张拉整体结构自身具有完整的结构独立性，其通过构件与构件的重复连接，可以形成一个方向或多个方向上的延展生长，便于形成围合大空间的整体结构系统。

张拉结构系统生成逻辑建立在受压杆与受拉索之间的组织上。其中经典的张拉结构单元模型有斯内尔森的经典 T 棱柱模型、二十面体模型及四面体模型等（图 3-12）。到了 20 世纪 80 年代，美国工程师大卫·盖格（David Geiger）[13,14]

试图将张拉整体结构的轻型化优势运用在大型体育建筑之中，并因此研究出一种通过周边受压环梁进行支撑的张拉整体穹顶体系，并成功运用在亚特兰大奥运会的主体育馆上。张拉结构逐渐超脱经典的线杆张拉体系，而逐渐发展出包含张拉原理的近似张拉结构模型。

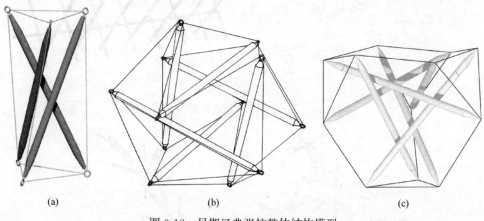

图 3-12　早期经典张拉整体结构模型
（a）T 棱柱模型；（b）二十面体模型；（c）四面体模型

20 世纪 50 年代，富勒的学生、雕塑家斯内尔森利用张拉结构系统原理做了早期的空间想象，并设计了一系列雕塑作品（图 3-13）。作为平面结构来讲，要保证结构在两个方向上的延展性。

通过对张拉整体结构的深入研究，受压构件的种类越来越丰富，研究者发现三维的受压构件对结构整体性能与表现力具有更大的作用。例如，周一一等学者发现三维结构构件在结构性能上优于线性结构杆件，且在布局效果与建筑应用上具有更大的优势。如将结构受压构件替换为等形构件与六面体构件的组合，每个结构单元在生长过程中可以自由调整相连接的位置，同时结构内部的杆件形式也可以任意调整，产生非常丰富的结构效果（图 3-14）。

由于其充满未来感的表现张力，张拉整体结构越来越受到建筑师们的青睐。在华盛顿国家建筑博物馆中，奥雅纳工程顾问有限公司协助威尔金森·艾尔事务所（Ailkinson Eyre Architects）共同设计了一座临时性展览构筑物，其被称为张拉整体结构桥。其中，结构单元的受压构件为被称为"Northwood Ⅲ"的六杆件单元，其受压构件为玻璃管，并向四周星形延展，呈空间结构网。在结构的基础上，建筑师将结构承重荷载与结构玻璃构件中的 LED 系统相链接，使结构具备了智能化的互动能力。另外，考克斯·雷纳建筑事务所（Cox Rayner Architects）同奥雅纳工程顾问有限公司共同设计的库里尔帕桥（Kurilpa Bridge）（图3-15）位于澳大利亚昆士兰，其功能为人行或自行车行。这座桥的设计构思将富勒的张拉整体结构诠释得很精彩，桥体结构由张拉整体结构单元水平延伸组合，最

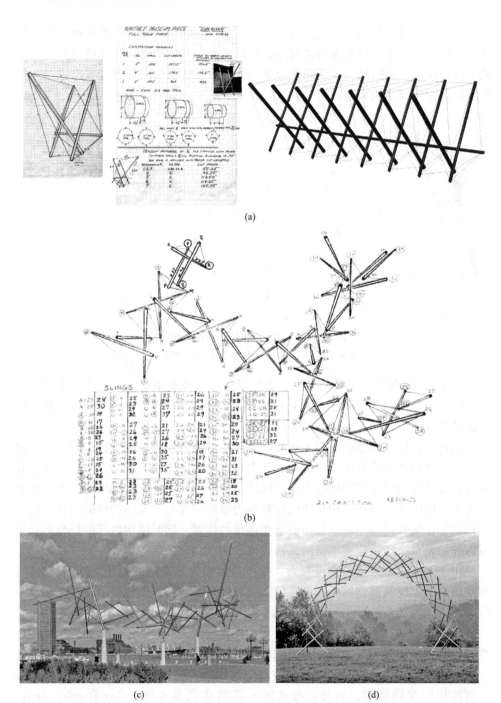

图 3-13　斯内尔森关于全张拉结构的部分作品

（a）太阳河（Sun River，1967 年）；（b）新次元（New Dimension，1976 年）；

（c）简易式降落（Easy Landing，1977 年）；（d）彩虹拱（Rainbow Arch，2001 年）

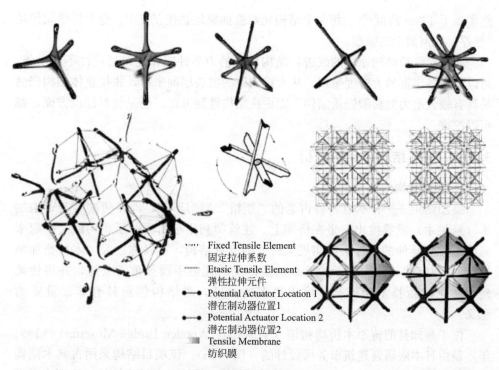

Fixed Tensile Element
固定拉伸系数
Etasic Tensile Element
弹性拉伸元件
Potential Actuator Location 1
潜在制动器位置1
Potential Actuator Location 2
潜在制动器位置2
Tensile Membrane
纺织膜

图 3-14　从结构单元到结构体系

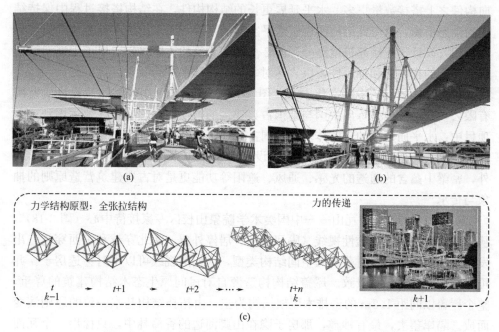

(a)　　　　　　　　　　　　　　　　　　　　　　(b)

力学结构原型：全张拉结构　　　　　　　　　　力的传递

t　　　　$t+1$　　　$t+2$　　$\cdots$　　$t+n$
$k-1$　　→　　　　→　　　　→　　　　k　　　　$k+1$

(c)

图 3-15　澳大利亚库里尔帕桥（Kurilpa Bridge，2009 年）
(a) 可开合的桥身；(b) 置身于结构内部；(c) 全张拉结构单元繁衍的过程

终实现了 128m 跨度[15]。每一个结构元素被抽象地悬挂在空中，整个桥梁就像是"漂浮"在河面上的雕塑。

通过对张拉结构原型的改进，结构单元的力学性能和建筑适应性不断增强，可以形成各丰富的大跨度屋顶。从大跨建筑的发展层面来看，张拉整体结构仍然是具有较大潜力的新型轻质结构，无论在结构性能方面、还是材料性能方面，都可以挖掘。

3.2.2　构造结构单元的繁衍

1. 叠加结构

叠加结构——日本有一种古老的"刎桥"架构形式，即在两端将若干根刎木（悬挑木）重叠挑出，坐在桥架上。建筑师利用小断面的层积构件层叠起来向两端无限延伸的设计手法实现大跨度的悬挑结构，可以称之为"木材叠加结构"。在数字建筑的应用下，越来越多传统的建造手段被重新关注，并将传统建筑文化与新技术相结合，擦出更多的火花，对结构创新具有非常重要的意义。

位于高知县的梼原木桥博物馆（Yusuhara Wooden Bridge Museum）（1994年）是由日本隈研吾建筑事务所设计的（图 3-16）。该项目结构采用古典木结构的叠加结构，由一个竖向柱子作为支点，在其上搭接横向结构构件，接下来在横向构件之上搭接数量更多、水平延展更长的结构构件，在结构搭接过程中保持结构的动态平衡，也由此结构实现了水平空间的延展，即采用刎木重叠这种传统表现形式，设计出连接起被道路分开的 2 个公共建筑的桥体，创造出了用框架结构所得不到的存在感和抽象性，以表达对邻近山体和森林的敬意。

位于泰国曼谷的中国文化中心（图 3-17），建筑师（中科院建筑设计研究院有限公司）敏锐地提炼出中国与泰国古典建筑的特征，将其综合性地运用到这个项目中：水平向延展的密檐体现出中国古典建筑的舒展，垂直向上的密梁重叠体现与泰国寺庙建筑的相关性。结构的设计源于中国木构体系，除外在观感形式外，密梁中蕴含的通透的光感、通风、遮阳等功能更是对古典建筑营造原则的抽象与传承[16]

王澍先生的新作"瓦山——中国美术学院象山校区专家接待中心（图 3-18）"，从古代文人的 4 种穿透性视线（隔河望问、居停外望、南北穿越和东西穿越）出发，选择能覆盖整个村落的大空间结构类型，人们的视线可以不时穿透房子，并可以望向室外的山林景致。屋盖结构构造源自对民间原生态木结构建筑的尊重，整个屋盖以间距 1.2m 的密排木屋架结构为主，由拓扑结构基本一致的原则演变而成。隔岸望去，最有妙趣，那房子隐在山脚河边的香樟林中，只探出一个瓦面的头来。

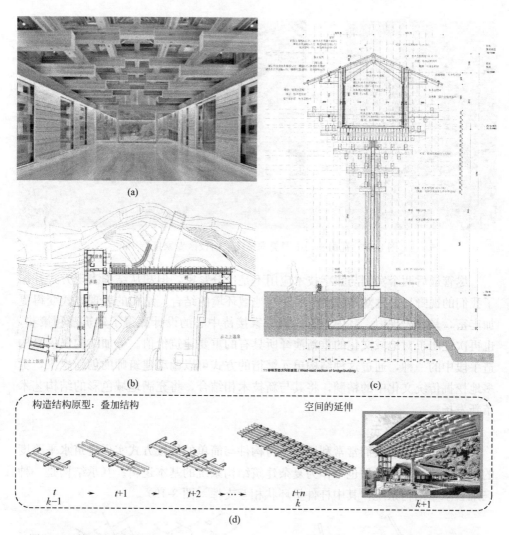

图 3-16　梼原木桥博物馆（Yusuhara Wooden Bridge Museum）——叠加结构的涌现生成
(a) 结构细部；(b) 平面图；(c) 剖面图；(d) 叠加结构单元繁衍的过程

图 3-17　泰国曼谷·中国文化中心

图 3-18　瓦山——中国美术学院象山校区专家接待中心

　　尽管最后两个实例与数字技术应用不是十分紧密，但却从结构表现方式开拓了我们的视野。通过对结构建造手法与地域环境的结合，结构的表现方式变得更加丰富，具有表现力。其中王澍凭借专家接待中心的设计赢得了建筑普利策奖，也再次证明了对地域文化的重新演绎所具有的重要建筑价值。叠加结构仅仅是构造手段中的一种，通过这种结构单元繁衍的方式可以调动建筑师的创新思维，更多地挖掘传统文化中的精髓，将其与新技术相结合，将充满地域色彩的结构艺术革新发扬。

　　2. 互承结构单元

　　在古建筑中，人们常常利用短木材构件与简单的搭接方式实现建筑水平跨度的延伸，这种构造原型也可作为复杂建筑结构系统的基本逻辑。互承结构是一种三维自承重结构系统，其中杆件呈环状相互支撑（图 3-19）。

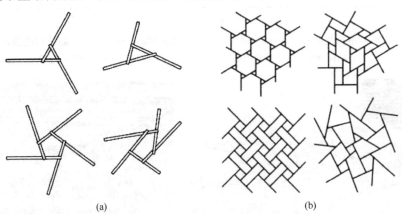

(a)　　　　　　　　　　　　(b)

图 3-19　互承结构的结构单元分析
（a）规则单元；（b）不规则单元

　　互承结构的原理来源于一种独特的中国古代桥梁——虹桥的结构机制。一个最简单的虹桥结构单元即是由两根竖向结构构件与两根横向结构构件相互搭接而成的结构体。互承结构的特点在于其自身具有结构稳定性，但在结构生长的过程中呈现出动态平衡的特点。例如，每一次在稳定的结构体之上增加新的构件，就必然需要加入其他构件使荷载重新分配，并达到新的平衡状态（图3-20~图3-22）。在不断动与静之间，就可以实现跨度的增长。互承结构有三个基本的生长机制，分别为线性互承、向心互承和发散互承，都可以延伸生长成任意体量的空间结构。其中，我国古典木建筑卫，最常用互承结构设计水平性延展的构筑物。

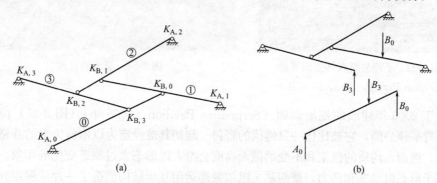

(a)　　　　　　　　　　　　　　　　　　　　(b)

图 3-20　单一结构单元力学分析

(a) 静力学分析；(b) 子系统

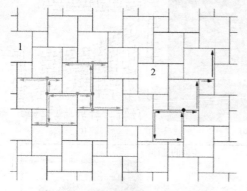

图 3-21　互承结构系统的力流分析

1—力流传递的路径：红—蓝—绿；

2—力流的扩散路径

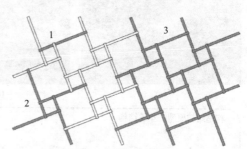

图 3-22　互承结构的构成分析

1—单一构件；2—结构单元；3—系统构成

　　由于自身结构稳定性与动态性的特点，互承结构具备强大的生长能力。在塞西尔·巴尔蒙德与坂茂共同在 2006 年合作的美国密苏里州圣路易斯市的森林公园展廊（Forest Park Pavilion）设计方案中，坂茂运用层压竹板作为结构材料，按照互承结构的生长方式进行组织，创造出灵活通透且具富有诗意的非线性结构形态（图 3-23）。王澍与柏庭卫、陆文宇在第 12 届威尼斯建筑双年展上合作设计的作品"衰变的穹顶（Decay of Dome）"就是运用中国传统的搭建形式互承结构诠释西方的穹顶（图 3-24）。

图 3-23 圣路易斯森林公园展廊
(Forest Park Pavilion，2006 年)

图 3-24 衰变的穹顶

于 2005 年建成的蛇形画廊（Serpentine Pavilion，2005 年）（图 3-25）位于英国肯辛顿公园，它被比作一只蜷伏的野兽。起初其被设定为以木材为主的井格梁结构，然而，均质的框架和不变的截面高度会给人以形态太过缺乏变化的印象。为了赋予形态以动感和活力，塞西尔·巴尔蒙德运用互承结构创造了一片从屋顶到墙体的连续的"错列式"网格，结构部件相互衔接、支撑，发展出一种层叠的效果。

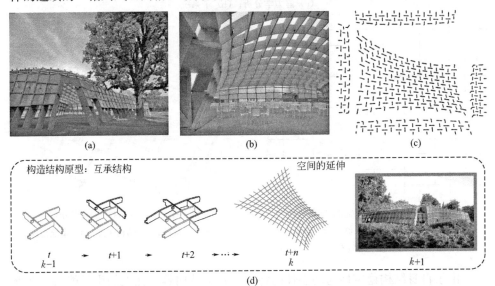

图 3-25 英国肯辛顿公园蛇形画廊（Serpentine Pavilion，2005 年）——互承结构的涌现而成
(a) 外景；(b) 内景；(c) 结构形式；(d) 互承结构单元繁衍的过程

中国传统木构形制中的"檐椽"结构是一种有具体结构功效的结构类型。从构造来看，檐椽由正心桁、老檐桁、挑檐桁三种构件共同支撑，并向斜下方悬挑

而出，以承托上部屋面或飞檐。传统木建筑屋顶主要以两端檩上的椽承受自重及雪荷载，而在结构中起重要承受荷载能力的构件即为屋檐出挑的檐椽部位。清工部《工程做法则例》中规定了檐椽出挑的尺寸，如图 3-26（a）所示。国内学者将檐椽简化为一次超静定连续斜梁[17]，结构分析结果与传统结构得到完美契合，如同济大学建筑与城市规划学院在 2014 年"数字未来"夏令营中完成的项目"反

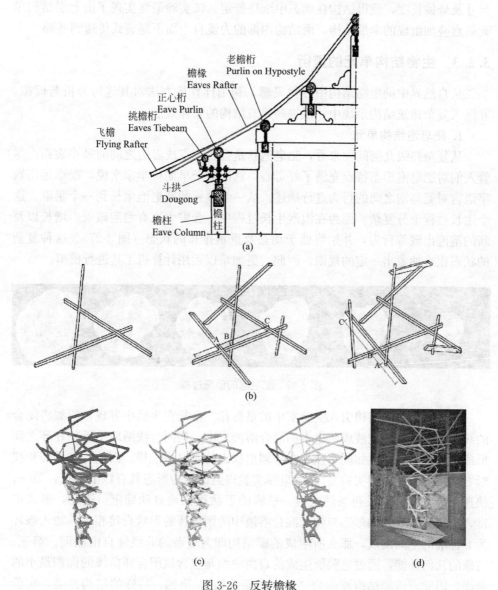

图 3-26　反转檐椽

（a）古建筑中的檐椽；（b）基于优化比例的单元构件生成过程；

（c）运用"千足虫"对结构性能进行分析：轴向力、剪力、弯曲；（d）建成照片

转檐椽"（图 3-26）。虽然该装置不属于大跨建筑，但其结构生长的思路值得我们
借鉴。设计者们运用"千足虫"软件对檐椽结构进行结构模拟分析，并按照结构
构造逻辑建立参数化模型。该模型的结构生成主体为由三根结构杆件按照主体行
为规则搭接成的互承结构单元，且结构生成逻辑为新的结构杆件在原主体的垂直
上方进行搭接生长，并在维持结构稳定的受限条件下，确定新加入的结构杆件的
尺寸及悬挑长度，使得结构在动态中维持稳定。该实验最终实现了由七层结构单
元垂直叠加组成的伞形结构，而结构内部的力流自上而下螺旋式传递到基础。

3.2.3 生物结构单元的繁衍

从自然界中的生物结构中寻找灵感，利用计算机方法对其进行分析与模拟，
并融入复杂建筑结构系统中，以提高建筑结构的整体效能。

1. 肥皂泡结构单元

从复杂高级几何问题来看，肥皂泡总是会找到点或者边之间的最小表面。尽
管人们对肥皂泡形态特点充满了好奇心，然而对于早期科学家来说，很难运用数
字语言对肥皂泡之间的行为进行描述。从一个单一的肥皂泡生长到一个集群，这
个生长过程十分复杂。因为在泡泡生长过程中，会发生原有泡泡破灭、增长以及
新的泡泡出现等行为，并始终处于动态及重新排布的状态（图 3-27）。这种复杂
的状态很难抽象出一定的规则，因此，更加难以运用计算机工具进行模拟。

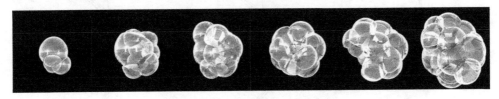

图 3-27 肥皂泡的涌现过程

最早将肥皂泡结构引入实验室中的是奥托。奥托在生活中发现，假如将闭合
的线圈伸入含有清洗液或肥皂水的混合溶液之中，当闭合线圈取出后就在环之间
形成一层薄膜，并且如同小孩子在公园里吹出的肥皂泡一样。因此，这种实验找
形方法被称为"皂膜实验"。通过皂膜实验得到的结构形态具有以下特点：第一，
快速生形，给定一系列条件之后，皂膜的形状很快地自动确定。第二，形式丰
富，所生成的膜结构形态与伸入混合溶液中的闭合环的形状直接相关，加入该环
为非标准的空间曲线，那么所生成的膜结构即为复杂的非线性自由曲面。第三，
特殊的几何性能，通过皂膜所生成的自由曲面是包含该闭合环曲线的面积最小的
曲面，因此，该膜结构被称为"最小曲面结构"。第四，特殊的结构性能，实验
所生成的皂膜结构曲面上的任意点在所有方向上的压力均相等。

随后，为了方便几何测量并且记录皂膜模型的形式，轻型建筑研究所发明了

■ 第 3 章　基于涌现生成的单元繁衍 ■

"皂膜测量仪"。通过皂膜测量仪产生的平行光，将存放在室内的皂膜按照真实尺寸投影到底片或者屏幕上，对成像进行测量，再利用计算机的数值分析方法，得出最小曲面结构。进而，奥托运用近景摄影测绘的方法将皂膜结构绘制成工程图。除将肥皂泡结构进行图纸化与实践应用化的重要意义外，还为新型的计算机几何描述中的 Nurbs 曲线的发展提供了理论依据。

　　膜结构和索网结构都来源于自然界中皂膜结构灵感。皂膜结构通过调整力和几何形式使得结构和材料同时发挥较高的效率。在数学上，"最小曲面"可分为周期性最小曲面和非周期性最小曲面。如今，建筑师将计算机模型和"最小曲面"相结合，嵌入最小化曲面数值算法，将其应用于建筑结构和表皮的设计之中。这是在数字化编程中运用计算几何的方式建立自上而下的生形手段。在对奥托的皂膜结构与富勒的短程线穹顶结构的深入研究后，英国格雷姆肖建筑事务所运用计算机软件技术，设计出一个极为复杂的肥皂泡空间结构。从建筑目标来看，伊甸园工程的目标是建成一个类似于超级空间穹顶的生态结构，其内部环境可以尽量少受到外界环境的影响，而维持自身内部的温度与湿度（图 3-28）。从技术来看，格雷姆肖运用计算机技术将结构形式、结构材料设置与太阳光摄入建立关系。通过对错综复杂的曲面结构形式与 3500 多块玻璃表皮的布置调节，以保障建筑对太阳辐射的高效吸收与利用。

图 3-28　伊甸园工程（Eden Project）

　　在 2008 年奥运会国家游泳中心"水立方"的结构项目中（图 3-29），建筑师们希望将建筑结构的自重达到最小化，使其能够自我支撑，为此选取了具有最大表面张力的肥皂泡作为构思核心。通过对"肥皂泡"式的脚本与算法的编写，经过 3D 参数化模型的建立及大量的迭代计算与分析，形成了最后的等级式与网络

137

式的"泡状"结构系统。其中一级为钢管与节点的要素，二级为钢管与节点形成的三维网络状的"泡状"构件，三级为由多样化的"泡状"构件形成的网络状的局部区域，最后为建筑整体结构系统的整体层级。同时，差异化的构件不仅形成了视觉上的美感，也是结构系统中优化荷载作用的表现。

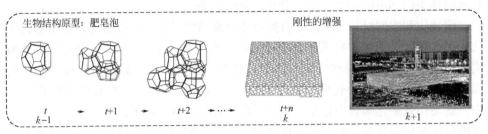

图 3-29　北京水立方——肥皂泡结构的涌现生成

2. 海胆结构单元

海胆结构多变和方解石般的表面突起具有较强的承载力。在 2011 年夏季，斯图加特大学学生以海胆仿生为主题建造了一个临时实验性的复合木结构展馆（图 3-30）。其运用计算机生物分析技术对海胆骨架结构进行模拟，研究出仿生结构的基本框架，并将其转换成由胶合板组合成的亭子形态，最终分解成可操作的建造方式。在实验过程中设定了三个海胆结构单元的行为准则，分别为异质性、

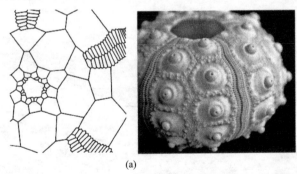

(a)

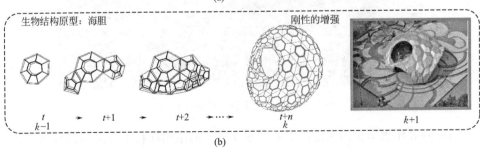

(b)

图 3-30　2011 年 ICD/ITKE 实验展馆（ICD/ITKE Research Pavilion，
2011 年）——海胆结构的涌现生成
(a) 对海胆结构的分析；(b) 海胆结构单元繁衍的过程

异向性与层次性。异质性表现为每一个结构单元都具有各自的曲率或连续性结构属性；异向性表现为每个单元具有各自不同方向的结构应力，具有更强的刚度；层次性表现为结构材料的轻质组装。这个结构可以适应更大体量的几何体形，仅有 6.5mm 厚的胶合板却能组建相当规模且可抵抗风荷载的亭子，可见仿生结构整体刚性的巨大潜力。

涌现生成理论与方法是从生命物质中所发现的，从单一细胞涌现生长成为一个具有生命行为的物质系统。因此，从生物结构单元出发的非线性结构形态涌现过程，既符合自然生长的规律，又可以对仿生结构深入发展具有促进作用。可以通过对生物单元的开发，创造出更加丰富的非线性结构形态。

3.3　网格原型的几何异规

塞西尔·巴尔蒙德认为自然的构成法则是不同特性的个体，通过混杂和并置的方式进行繁衍并形成纷乱无序的表象。对于建筑来说，他称这种思想为"异规（informal）"，即局部独立的结构个体通过延伸、重叠、繁衍，产生一种不存在等级且只有相互依存关系的结构体的现象。瑞姆·库哈斯（Rem Koolhaas，2003 年）评价异规思想并认为："塞西尔·巴尔蒙德瓦解甚至倾覆了已经变得呆板、悍然的传统笛卡尔坐标体系……他正在创造体现当下非确定性和流动性特征的技能[18]。"

几何对于建筑的意义在异规思想中被放大，这使得我们认识到几何是可以跳舞的，也是可以讲故事的。例如，点是个体潜力的源泉，同时也是物体行动的中心，其抽象地表现了在局部集中的虚拟中心，就像空中的一颗星是银河的缩影（图 3-31）。而网格可以看成是一张具有能量的模板（图 3-32），上面每一个节点都是一种能量的核心，节点之间的相互连接支承形成了空间及结构，因此，网格成为利于创新的滤网。反之，通常在笛卡尔几何的逻辑下，建筑被想当然地认为是一个由孤立的、边界清晰的形状所组成的体系，除在其外部进行装饰之外毫无形式内涵，均衡稳定、缺乏想象力，其形成的空间空洞而乏味。在建筑设计起始，规则的网格轴线图在第一时间限制住建筑师的构思，进入这一网格的任何物体也将变得整齐划一，因为柱子已经被确定在规律网络之中。即便勉强地进行建筑形体变化，然而其规则的本质并未发生改变。

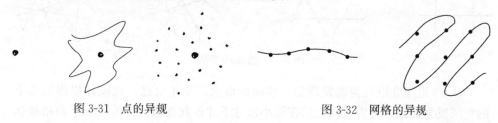

图 3-31　点的异规　　　　　　　　　　　　图 3-32　网格的异规

网格类似于结构信息交换的场，或是生物进行媒质交换的能量场[19]。塞西尔·巴尔蒙德说道："脱离淤塞的思维，我制作了许多模块——它们成为一系列激发因子并赋予几何概念以生命力。它们处于发展的初期，不固定，通过隐形策略编排定位。我的目的是，在最小的元素中注入最大的潜力：如果，网格是有秩序的、固定的，那么它同时也是一种随机的图谱——一种无偏颇的极度的散布。在这样的起始点中，隐喻与实体、超现实与实用性重叠在一起。"建构一个网格，其目的是对可能性的捕捉，而不是形成一种限制性的秩序。一个网格就像一条项链，它可以按某一特定方式折叠，在任何时候可以被拉开并发生戏剧化的转变——它像一个可动的盛会，不必是严肃的，在某一刻固定然后消失并在另一刻重建。网格中的每一点，都可以是一个着魔的生命体[20]。

3.3.1 网格的变换

几何形式本身携带了哲学层面的意义。直线意味着匀速、高速行驶，来去无踪，从不停留。网格是稳定的，具有方位感的，有秩序的。而网格的旋转实质上是对人类追求自由平等的一种呼应。自古以来，人类通过几何完成文化性的仪式，设祭坛、建造金字塔，运用经典几何体塑造出对于力量、权威的敬畏。

从哲学层面，我们要追求自由消散的空间感受，以环状或锯齿状连接或干脆跳过那些对其他节点施加方位感的交接点。例如，交叉线的出现导致移动速度降低，引发了一个时间停滞（图 3-33）。然而，随着网格的变换（图 3-34），网格的方位感开始迷失、消失，原始的网格与每一层旋转生长出的网格相互叠加，就成了迷宫一般错综复杂的网状场地。原本聚集的能量消散于四面八方。在这个边界意识消融的时间舱里，界限消失了，建筑内在与外在也融为了一体，空间的概念甚至也消失了。

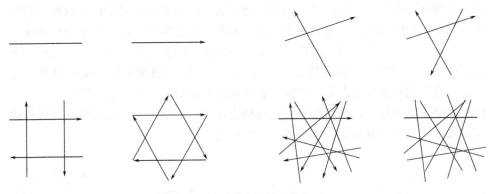

图 3-33　直线的变换

从 19 世纪非欧几何的发现后，空间的概念产生了更迭，比欧几里得概念下的空间更为抽象，更为流动，只在极小尺寸下才彼此近似。传统的十字网格被认为是一种理想化的形式，而复杂、不规则、变化才是更为贴近常态与自然的深层结构。网格的拓扑形成于 19 世纪，主要探讨的是在连续性变化中的变形现象。在拓扑作用下，网格获得了自由的力量，可以任意扭曲、变形、抽离，网格的疏密可以通过曲线或点进行调控，聚集或分散，不再均匀单一，而拥有了无限变幻的创造力。

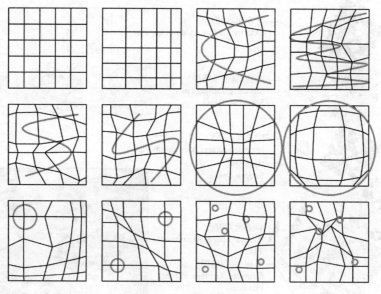

图 3-34　网格的变换

正如由日本建筑大师伊东丰雄在伦敦的海德公园为 Serpentine Gallery 设计的实验性建筑——蛇形画廊展亭（Serpentine Gallery Pavilion，2002 年）。这座咖啡厅是一钢结构体系，从地面到屋顶一气呵成，看起来整个结构系统似乎完全没有层次，其形式也没有逻辑可循，而这正是这座建筑的精妙所在。为实现伊东丰雄对于建筑与环境融为一体的构想，塞西尔·巴尔蒙德创造性地提出了一种几何算法，以正方体为结构单元，将该正方形的每一边中点向其邻边 1/3 处连线，按照此 1/3～1/2 法则得到了在原正方形基础上旋转了一定角度的新的正方形，如同一个桌球在该正方形球台内部滚动、碰撞、反弹产生的轨迹。以此几何算法运算 6 次之后，并将所有线段向两侧延伸，就得到了一个新的交叉相错的基本结构网络（图 3-35）。接下来，运用结构计算确定一部分线段作为主承重结构构件，一部分作为次级承重构件，而其余的所有线段都将作为结构形态表现因素，以突出非线性随机的结构母题。作为建筑师，伊东丰雄将结构网格所产生出的不规则空洞设置为咖啡厅的入口及天窗。从整体来看，表皮、结构、空洞完全是随机且自由的，但在随意之中却又暗含着一种难以言表的秩序美，这正是经过精心计算的结果。透过随意的几何天窗向外看去，视线没有任何障碍地消失在公园景观之中，建筑被网格消解，方盒子也随即消失了。这个作品通过结构的布置完美地实现了建筑的构思，对于非线性结构形态来说，是具有里程碑意义的作品。

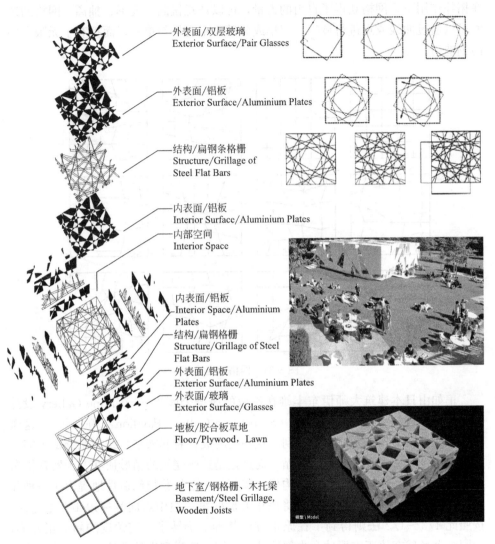

图 3-35　伦敦蛇形画廊展亭（Serpentine Gallery Pavilion，2002 年）

　　2008 年北京奥运会主场——国家体育场"鸟巢"也运用网格旋转的几何算法，将跨度极大的钢桁架按一定的角度旋转而形成椭圆形整体结构，结构杆件相互交错，看起来就像是鸟儿用唾液筑起的树枝巢穴，所以命名为"鸟巢"（图 3-36）。然而，这两个建筑因其巨大的尺度差异，在现实实现过程中所遇到的困难和实现的完成度来讲是无法比拟的。对于大跨建筑来说，结构效率是不可回避的技术性问题，单纯运用几何算法是否符合结构原理还需要深入探索。因此，问题在于，结构形态从小尺度到大尺度的过渡并不是简单地成比例放大可以实现的。

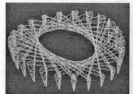

由钢架旋转而成的
主钢结构模型

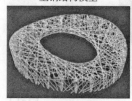

主次钢结构体系

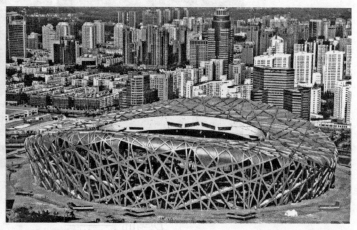

图 3-36　国家体育场

上文这两座建筑都是运用结构单元旋转交叉变形而生成的结构形态，那么它们的区别之处在哪里？最显著的是结构尺度的迥异，伦敦蛇形画廊展亭是跨度约 18m 的正方体建筑，而鸟巢跨度约 300m，是伦敦蛇形画廊展亭的 16 倍之多。对于前者来说，几何异规的建筑手法具有无比的创造力，设计出非常有创意且灵动迷人的建筑空间，一切看上去都是舒服合适的；然而，对于后者来说，运用结构效率较低的门式刚架建造跨度更大的建筑，不觉有种粗笨之感。在大跨建筑之中，根据跨度的不同选取适合其尺度的结构单元和繁衍规则也是最为重要的决策。

3.3.2　网格的分形

在 20 世纪 70 年代，法国数学家曼德尔勃罗特（Macdelbrot）开创了新的数学分支——分形几何学，代表性的有曼德尔勃罗特分形（图 3-37），并提出了用超越欧几里得几何的整数维数的分形维数认识世界。分形（fractal）意为不规则、支离破碎，用以表征复杂图形和复杂过程。自然空间就是以如此重复的节奏最大限度地充满空间。自然以重复的节奏折叠并分叉，如同海岸线、云的边缘、动脉分支和肺壁上的血管等，在无限分形中凝聚了无限的能量和信息，是适应环境生存下来的最好的方式。无论通过放大或缩小，分形都呈现相同的外表。以此类推，在任何固定尺度下，一个分形，能制造出无限的不规则性。如果人能走过一片云，那么他将发现，云否定了三维的体积或二维的面积。

分形是一种以分形维数运用于几何命题的演算法则的几何形状。非整数维数则与特定图案或形状的折叠程度有关。分形的维数公式是：

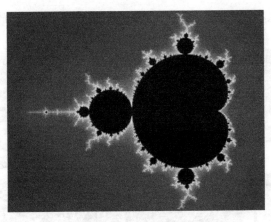

图 3-37　曼德尔勃罗特分形

$$D =\lim_{a\to 0}\frac{\log Na}{\log(1/a)} \tag{3-1}$$

其中"a"是一个图形中相等长度的片段，而"Na"则是当"a"趋向无限小时发生的全部次数，表 3-3 列举了几个常见的分形几何（表 3-3）。

不同维数的分形几何　　　　　　　　　　　　　　　　　　　表 3-3

几何图形	分形维数	文字描述
	$D=0.66$	去掉初始线的中间 1/3 段,如此重复,最终接近虚无状态的临界点
	$D=1.26$	科尔分形:将初始线折成一个拥有 4 段等分的形状,如此重复
	$D=1.5$	明科斯基分形:将初始线上下折弯成 8 段等分的部分,如此重复
	$D=2$	将初始的正方形分割成 4 个小正方形,如此重复,所得到的将是一个自我相似的图案
	$D=2$	谢尔宾斯基分形:对以三角形或其他规则封闭区域的起始图形进行划分,如此重复,每次划分都避免划分中心的三角形
	$D\to\infty$	以自然为初始图形,再以自然重复的节奏折叠并分叉,如此重复

分形与非线性结构形态的特质十分相似，分形的特质对非线性结构形态来说是结构形态的创新途径。它们共同的特质包括：

（1）结构网格细分的无限性。一方面，无论多复杂的几何形态，都可以运用分形几何的算法对其进行无限次划分，划分到可以易于建造和计算的单元尺度。这对于大跨建筑这种大尺度的建筑来说，具有非常重要的意义。自然以重复的节奏折叠并分叉，大自然都是这般分形的，那么想要模仿大自然般的建筑形态自然也不在话下。另一方面，自然选择如此在同一时间的压缩与伸展的根源是信息交换。

（2）结构网格单元与整体结构的自我相似性。无论在什么尺度下，观察科尔分形或明科斯基分形，其每个部分，无论多小，部分都反映了整体。这就是分形的特点：在所有尺度下的自我相似性。在所有层次自我复制的能力，好像是自然的基本需要——我们见证了从一个细胞克隆出整个动物或植物的事实。分形以自我相似的连锁排布形成最小图案与整体图案间的内部联系，就像叶子的脉络对树的枝杈纹理的重复。

细分技术是将分形原理应用到数字化设计中的技术方法。对于非线性大跨建筑来说，屋盖结构的自由曲面结构造型的计算机描述是一项关键问题，细分技术正是解决曲面造型的重要技术，依据一定的规则对初始结构网格进行不断细分，产生光滑的极限曲面。建筑形态中的一些现象可以通过分形有更准确的描述，对特定的结构网格进行分形，每一部分都是或近似是整体缩小后的形状[21]，具有相似的性质。对特定的富有隐喻的结构网格进行分形，便可以将这种隐喻延伸到建筑的细部层次，使整座建筑更加完整且生动（图 3-38）。T-Splines 公司结合

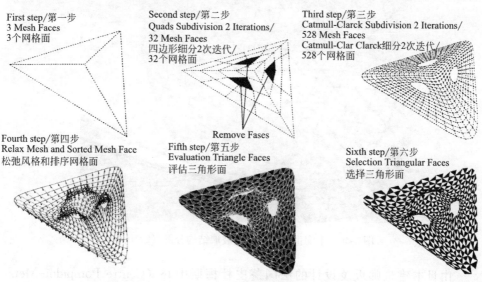

First step/第一步
3 Mesh Faces
3个网格面

Second step/第二步
Quads Subdivision 2 Iterations/
32 Mesh Faces
四边形细分2次迭代/
32个网格面

Third step/第三步
Catmull-Clarck Subdivision 2 Iterations/
528 Mesh Faces
Catmull-Clar Clarck细分2次迭代/
528个网格面

Fourth step/第四步
Relax Mesh and Sorted Mesh Face
松弛风格和排序网格面

Remove Fases
Fifth step/第五步
Evaluation Triangle Faces
评估三角形面

Sixth step/第六步
Selection Triangular Faces
选择三角形面

图 3-38 Weaverbird 多边形分形

Nurbs 开发的细分表面建模技术，从基本形体演变出形态丰富的有机造型，基于这样的技术可以制作出造型各异的结构形态及网格肌理（图 3-39）。

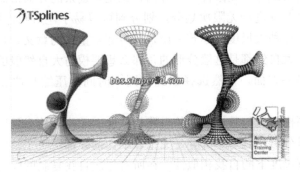

图 3-39　T-Splines 公司开发的细分表面建模技术

　　上海世博会的世博轴为一条连绵起伏的长 1km 的自由曲面结构玻璃屋顶（图 3-40）。整个结构展开表面积大约为 $65000m^2$，由 PTFE 玻璃覆盖，结构最大跨度为 100m，其中一个圆锥体的结构网格分形过程，通过计算机分形计算，整个自由曲面结构被均匀地分布成三角形单元。

图 3-40　上海世博会世博轴玻璃结构分形（2010 年）

　　由日本建筑师坂茂设计的法国蓬皮杜梅斯中心（Centre Pompidou-Mctz，2010 年）（图 3-41），屋顶采用了中国人草帽的理念，整个屋顶由 6 层 200mm 厚的叠层木材（Laminated timber）从 3 个方向纵横交错编织而成，形成大小变化的蜂窝式网格，接着向地面延伸出 4 条柱便足以覆盖 5000m² 的空间。叠层木材是一种横向和纵向合成的木材，接合稳固，而且允许更大的跨度和弯曲度。编织结合点由 6 层叠合木材叠合而成，从设计到加工一体化，应用 CAD 工具将屋顶结构的几何形态模型提交给木材加工公司，再应用 CNC 高效率、高精度地加工了 1800 多个独特的双曲木质构件，一共长达 18000m。该建筑表皮与结构融为一体，并在独特的表皮材质（PTFE）中展示了多样性的建筑风格。在白天的时候，太阳光照射到结构表皮之上，整个结构呈现出如白色草帽般纯净柔美的性格特点；在夜晚的时候，建筑内部的光线透过建筑表皮映射出来，整个结构的蜂窝式肌理呈现在人们的眼前。通过表皮突出结构之美也正是该建筑设计的精妙之处。

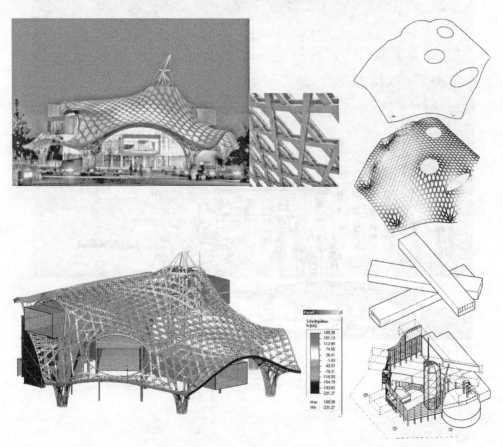

图 3-41　法国蓬皮杜梅斯中心（Centre Pompidou-Metz，2010 年）

2011 年建成的西班牙塞维利亚的大都会太阳伞（Metropol Parasol），是由德国建筑师根·迈耶尔·赫尔曼（Jürgen Mayer Hermann）设计完成的，并被誉为世界上最大的木质结构（长 150m，宽 70m，高 26 m）（图 3-42）。在恩卡纳辛广场上方的六张相互牵连的巨大的木质太阳伞，是一个由基本木构单元拼合而成的格子状网络结构，木构件相互穿插形成了 3000 多个连接节点。奥雅纳工程顾问公司的结构工程师们为实现这个独特的结构，创新性地开发结构材料与连接节点：结构材料为经过防水涂层与外饰面处理的多层叠合木材，与普通实木材料相比，这种被称为"Kerto"的材料具有更大的抗剪能力；至关重要的连接节点利用钢构件连接，目标是快速建造（FFM）、暴露在炎热气候（热分析）中。由基本木构单元拼合而成的整体巨构，弧线柔动，跨度空前，肌理精致，类似于上例，同样体现了结构性表皮材料建构流畅曲面形体的"塑性美"、大跨呈现的"力学美"与有机编织的"肌理美"。

图 3-42　西班牙塞维利亚大都会太阳伞（Metropol Parasol，2011 年）

位于英国纽卡索的圣盖茨黑德艺术中心（Sage Gateshead Music Venue，2004 年）（建筑师：Foster & Partners，结构工程师：Buro Happold），该艺术中心同样由 3 个大空间集中组合，分别为可容纳 1600 人的音乐厅、400 人的剧场、多用途活动室。与中国国家大剧院纯正的椭圆形不同的是，圣盖茨黑德艺术中心运用波浪形的整体自由曲面结构依次拟合这三个空间的体量需求，类似于"菊石"一样层层向外扩展，将三个主功能区紧凑高效地涵盖其中（图 3-43）。面向海的一边，曲面结构一气呵成延伸到基础，创造出融合疏散、交往、远眺海景功能的公共空间。非线性的自由曲面屋盖结构单元，运用了两种材质的对比，透明的玻璃材质形成了一道波浪形立体的视觉效果，更加呼应了建筑的创作意向，同时实现了大跨建筑的生态追求。

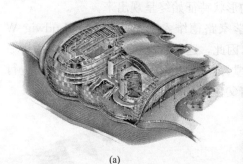 

(a)　　　　　　　　　　　　　　　　　　　　(b)

图 3-43　英国圣盖茨黑德艺术中心（Sage Gateshead Music Venue，2004 年）
(a) 屋盖结构与建筑空间的关系；(b) 建筑与环境的关系

3.3.3　网格的镶嵌

几何镶嵌并非是陌生先锋的概念，实则在建筑表现方面的应用已有悠久的历史。例如，最为常见的大跨建筑屋盖的正交网格即是镶嵌的手法，这种正方形镶嵌属于广泛应用的周期性镶嵌。又如中国传统建筑中的木质窗棂、中国古典园林中的地面铺装、伊斯兰建筑上的传统纹饰图案，这些融合了古代工匠艺人智慧的创作都是一种镶嵌手法。

几何镶嵌的最新研究成果与空间结构网格的复杂化需求相契合。随着数字技术的发展以及人们审美的多样化需求，空间结构网格的复杂化正是结构创新的一种途径。运用非周期性镶嵌的方式替代简单的镶嵌，可以创造出极其丰富的结构网格肌理，当然，对于结构系统而言，结构网格的布置不仅从视觉上考虑，还要依从力流传递的简洁以及结构自重的轻量。因此，在结构创新的过程中，一定要综合考虑多种因素，在保证最基本结构原则的基础上，融入更新的几何手法，避免传统正交网格带来的单调。

随着数字化发展与人们审美方式的更迭，越来越多的几何研究更加关注于非周期性镶嵌方式。其原因分为两个方面，一方面是对均质和稳定的突破，非周期性镶嵌更具有活力与动感；另一方面是对自然仿生的向往，非周期性镶嵌的图案更贴近自然图案。由建筑师、结构工程师和科学家组成的奥雅纳工程顾问公司的高级几何部门（Advanced Geometry Unit）对非周期性镶嵌的研究取得了丰富有趣的成果，其中包括几何拼贴与几何填充：

（1）二维拼贴（图 3-44）。20 世纪 70 年代早期，数学家罗伯特·阿曼（Robert Ammann）发现了一种二维拼贴系统，将其命名为"阿曼拼贴（ammann tiling）"。阿曼拼贴系统由三个不同的基本型构成，分别为 Tile P、Tile R、Tile Q。其中 Tile P 为父形，根据黄金比对其进行分形可以得到所有三种基本型。通过计算机算法程序的设定对其分形，结构主体可以是三种图形中的任意一种，在分形过程中，该生成主体自身的形状特征始终呈现出来。

（2）三维拼贴（图 3-45）。德国数学家路德维希·W·堂泽（Ludwig W Danzer）发现了一种三维非周期性拼贴，因此，这种拼贴方式被称为"堂泽拼贴（danzer tiling）"。与二维拼贴相类似，堂泽拼贴的生成逻辑是根据黄金比进行分形，并在分形生成的自结构体中保持着父体的几何特点。

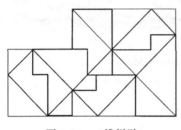

图 3-44　二维拼贴

图 3-45　三维拼贴

（3）二维填充（图 3-46）。高级几何部门通过对圆形填充进行了结构应用方面的研究，同时在理论层面上，对球体填充动力学也进行了研究。在圆形之中不断利用圆形填充父体，以此生成无限生长的几何图案。

（4）三维填充（图 3-47）。在特定的三维边界中填充三维对象即是三维填充。例如，把堂泽四面体内部的重心等分线提取出来，取代四面体本身，就能得到一个骨骼式生长的三维填充系统。

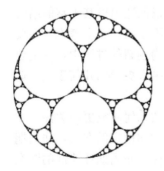

图 3-46　二维填充

图 3-47　三维填充

泰森多边形又叫冯洛诺伊图（voronoi diagram），是一种通过计算机算法建构二维表面模型的技术。其算法是连接相邻两点的直线的垂直平分线，把点间空间划分成连续的多边形，从而得到 voronoi 图（图3-48）。将这项技术的应用从二维平面扩展到三维世界，我们就能创造出一种类似石块聚合体，且具有极佳承载能力的结构形式。

图 3-48　泰森多边形

由法国建筑师让·努维尔（Jean Nouvel）设计的阿联酋阿布扎比卢浮宫博物馆（Louvre Abu Dhabi，2017 年）（图3-49）是巴黎卢浮宫博物馆在中东阿联酋首府开设的分支机构，其设计灵感来源于伊斯兰清真寺内部光线穿过清真寺穹顶密布高窗而产生虚晃迷离，对几何与光线的控制能力的表达，设计者将其称为"光之雨"。阿布扎比卢浮宫博物馆看似随意的穹顶结构是由建筑师运用数字技术，以清真寺传统几何图案为母题，进行拓扑组合而生成看似纷繁复杂的网架穹顶，结构内外两层覆层表皮由多层带有孔径的纤维叠合而成，引喻交错叠合的棕榈叶。其结构工程师团队（Buro Happold）为该项目定制了一个集中共享的数字项目（digital projects），建立参数化模型作为结构和覆层的协作平台，从结构的

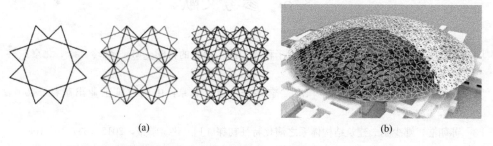

(a)　　　　　　　　　　　　　(b)

图 3-49　阿联酋阿布扎比卢浮宫博物馆（Louvre Abu Dhabi，2017 年）

(a) 从伊斯兰文化提取的几何母题；(b) 由标赫工程设计顾问有限公司研发的数字化设计模型

找形、基础测试、环境约束、结构优化到多层覆层的图案、尺度、方向、定制构件尺寸进行研究，其优化围绕美学、生态及结构逻辑。通过创造性地开发三维几何空间的工具使得结构工程师们毫不费力地完成了如此复杂的建筑形态。

3.4 本章小结

本章从复杂性科学中的涌现论理论出发，通过对涌现论方法的深入解读，提出非线性结构形态生成的单元繁衍策略。首先，从理论及方法层面对非线性结构形态系统的单元繁衍进行辨析，总结出结构涌现生成的条件为层次性与受限生成过程。其次，提出由结构生成主体按照一定的结构生成逻辑进行单元繁衍的过程。最后，依次建构结构生成主体与结构生成逻辑的两个概念以及结构单元繁衍的机制。

通过对非线性大跨建筑的实例进行研究得出，结构单元大致可以分为两类，一类为结构原型，另一类为网格原型。前者，结构原型的繁衍是在具有结构性能的结构单元基础上而进行的空间延伸。其中，结构原型分为力学结构原型、构造结构原型及生物结构原型三种。后者，网格原型的几何异规是以网格原型为生成主体，其生成逻辑分为网格的变换、网格的分形及网格的镶嵌三种。分别运用图解方法阐释典型实例的结构形态涌现过程。

从涌现论出发的非线性结构形态单元繁衍策略开辟了一个新的结构设计视角。我们应该按照这个思维方法研究开发更多样的结构单元与相对应的生成逻辑，按照这个思路进行建筑设计构思，在反复的理论研究与实践中积累经验，以实现更大跨度、更完美的复杂空间结构建筑。与此同时，复杂性科学中的遗传进化理论对建筑创作的发展也产生了巨大影响，特别是结构优化就是结构专业与遗传进化理论的交叉研究的成果。

3.5 参考文献

[1] 米歇尔·沃德罗普. 复杂——诞生于秩序与混沌边缘的科学 [M]. 陈玲，译. 北京：三联书店，1997：115.

[2] 塞西尔·巴尔蒙德. 异规 [M]. 李寒松，译. 北京：中国建筑工业出版社，2007：170，372.

[3] 苏朝浩，郑少鹏. 建筑结构体系之演化特征初探 [J]. 建筑学报，2010（6）：106-108.

[4] 苗东升. 论涌现 [J]. 河池学院学报：2008（1）6-12.

[5] 黄欣荣. 复杂性科学方法及其应用 [M]. 重庆：重庆大学出版社，2012.

［6］颜泽贤 . 系统科学导论［M］. 北京：人民出版社，2006：399.

［7］KOTNIK T. Digital architectural design as exploration of computable functions［J］. International journal of architectural computing，2010，8（1）：1-15.

［8］SNELSON K. Continuous tension，discontinuous compression structures：3169611［P］. 1965.

［9］FULLER R B. Tensile-Integrity structures：3063521［P］. 1962.

［10］LEVIN S M. Continuous tension，discontinuous compression：a model for biomechanical support of the body［C］，North American Academy of Manual Medicine，1980.

［11］INGBER D E. The architecture of life［J］. Scientific American magazine，276（3）：48-57.

［12］BURKHARDT R A. practical guide to tensegrity design［M］. 2nd ed. Cambridge：Robert William Burkhardt，2008.

［13］GEIGER D，ANDREW S，CHEN D. The design and costruction of two cable domes for the Korean Olympics. shells，membranes and space frames［C］. Osaka：Proceedings of the IASS Symposium on Membrane Structures and Space Frames. 1986，9：15-19.

［14］RASTORFER D. Structural gymnastics for the Olympics［J］. Architectural record，1988，176（10）：128-135.

［15］吴洁琳 . 库里尔帕桥，布里斯班，澳大利亚［J］. 世界建筑，2012（6）：80-84.

［16］崔彤，陈希，王一钧 . 生长的秩序——泰国曼谷·中国文化中心设计思考［J］. 建筑学报，2013（3）：105-105.

［17］蒋岩，毛灵涛，曹晓丽 . 古建筑檐椽合理出挑尺寸的结构力学分析［C］. 北京：北京力学会第 17 届学术年会论文集，2011：572-573.

［18］《建筑与都市》中文版编辑部 . 塞西尔·巴尔蒙德［M］. 北京：中国电力出版社，2008.

［19］CECIL B. Informal［M］. London：Prestel，2002.

［20］塞西尔·巴尔蒙德 . 异规［M］. 李寒松，译 . 北京：中国建筑工业出版社，2007：372.

［21］MANDELBROT B B. The fractal geometry of nature［M］. San Francisco：W. H. Freeman and Company，1982.

3.6　图片来源

图 3-1：https：//en. wikipedia. org/wiki/Biological_organisation.

图 3-2：苏朝浩，郑少鹏 . 建筑结构体系之演化特征初探［J］. 建筑学报，2010（6）：106-108.

图 3-6：袁烽 . 从图解思维到数字建造［M］. 上海：同济大学出版社，2016：320-323.

图 3-7：袁烽，阿希姆·门格斯，尼尔·里奇，等 . 建筑机器人建造［G］. 上海：同济大学出版社，2015：11.

图 3-8：KOTNIK T. Digital architectural design as exploration of computable functions［J］. International journal of architectural computing. 2010；8（1）：1-16.

图 3-10：MENGES A，KNIPPERS J. ICD/ITKE research pavilion 2010 [J]. Architecture & Urbanism，2011（7）：10-15.

图 3-11（a）（b）：CECIL B. Informal [M]. London：Prestel，2002.

图 3-12：https：//en. wikipedia. org/wiki/Tensegrity.

图 3-13：SNELSON K，HEARTNEY E. Kenneth Snelson：art and ideas [M]. Web Publication：Kenneth Snelson，2013.

图 3-14：周一一，陈联盟. 浅谈张拉整体结构发展的历史与趋势 [J]. 空间结构，2013（12）：11-17.

图 3-15（b）：吴洁琳. 库里尔帕桥，布里斯班，澳大利亚 [J]. 世界建筑，2012（06）：80-84.

图 3-16（a）（b）（c）：周有芒. 梼原·木桥美术馆 [J]. 建筑创作，2011（9）：40-51.

图 3-17：崔彤，陈希，王一钧. 生长的秩序——泰国曼谷·中国文化中心设计思考 [J]. 建筑学报，2013（3）：105-105.

图 3-18：王澍. 隔岸问山——一种聚集丰富差异性的建筑类型学 [J]. 建筑学报，2014（1）：42-47.

图 3-19～图 3-22：KOHLHAMMER T，KOTNIK T. Systemic behaviour of plane reciprocal frame structures [J]. Structural engineering international，2011（21）：81-86.

图 3-23：http：//www. dma-ny. com/site_sba/? page_id=345.

图 3-24：赵忞. 衰变的穹顶 [J]. 城市环境设计，2010（11）：138-140.

图 3-25：(a)（b）（c）：MELVIN J. Serpentine gallery pavilion 2005 [J]. Architectural design，2005（06）：102-106.

图 3-26：袁烽，阿希姆·门格斯，尼尔·里奇 等著. 建筑机器人建造 [G]. 上海：同济大学出版社，2015：132

图 3-27：www. wikipedia. com

图 3-28：付振兴，曾红鹰. 英国康沃尔伊甸园的环境教育和环境解说 [J]. 世界环境，2020（5）：68-73.

图 3-30（a）（b）：FLEISCHMANN M，MENGES A. ICD/ITKE research pavilion：a case study of multi-disciplinary collaborative computational design [C]. Proceedings of the design modeling symposium Berlin 2011 Heidelberg：Springer，2011.

图 3-31、图 3-32：塞西尔·巴尔蒙德. 异规 [M]. 李寒松，译. 北京：中国建筑工业出版社，2007：372.

图 3-35：伊东丰雄，塞西尔·贝尔蒙德. 蛇形画廊 2002 [J]. 建筑创作，2014（1）：306-311.

图 3-36：李兴钢. 国家体育场设计 [J]. 建筑学报，2008（8）：1-17.

图 3-37：LYNN G. Mathematics and art：a cultural history [M]. Princeton：Princeton University Press，2016：485.

图 3-38：https：//www. giuliopiacentino. com/weaverbird/

图 3-39：PIACENTINO G . Weaverbird：topological mesh editing for architects [J]. Architectural design，2013，83（2）：140-141.

图 3-40：KNIPPERS J. From model thinking to process design [J]. Architectural design，2013

（2）：74-81.

图 3-41：徐知兰. 蓬皮杜梅斯中心，梅斯，法国［J］. 世界建筑，2014（10）：68-77.

图 3-42：李翔宁，张子岳，孟浩. 老城区的"都市阳伞"奇观［J］. 建筑学报，2014（08）：52-59.

图 3-43（a）：MOUSSAVI F. The Function of style［M］. Harvard University Graduate School of Design，Actar and Functionlab，2014：455.

图 3-43（b）：圣人盖茨黑德音乐中心［J］. 城市环境设计，2015（12）：104-115.

图 3-44～图 3-47：CECIL B. Informal［M］. London：Prestel，2002.

图 3-49（b）：https：//www. burohappold. com.

第4章

基于遗传进化的材料拓扑

　　建筑结构的创新一直从大自然中的生物结构寻求灵感，对生物遗传进化理论的认识极大地促进了结构性能化的发展。结构工程师已经运用有限元分析技术模拟生物进化机制而提出结构优化设计方法，即通过对结构材料的拓扑，在给定约束条件下，按结构性能优化的目标，经过多次迭代运算求出最适合的结构形态。随着结构优化技术的深入，拓扑生成的结构形态除力学合理之外还具有极为丰富的建筑表现力，因此，本章将结构优化设计方法与结构仿生理论相结合，揭示结构材料拓扑对于非线性结构形态的塑造能力与设计方法，以建立"力学性能"与"结构形式"之间的互动关系，实现兼具合理的结构性能与丰富的结构形式的大跨建筑非线性结构形态。

　　通过遗传进化理论对生物进化的动态变异与优化机制的分析和汲取，将原理应用到非线性结构形态系统中去，以结构形式的高度调整、实体拓扑、仿生拟态实现结构形态的性能化生形。这种结构生形即包含了对结构计算的建筑式转译应用，也包含了对结构性能化拓扑的利用，同时还包含着人们模仿自然生物结构的向往与目标。

　　根据理论与大量实例研究，发现结构性能化处理在大型建筑工程的不同阶段介入所带来的效益是完全不同的。例如，在建筑初始方案确定后对其进行结构优化，可以将建筑师的浪漫构思合理化；而在建筑方案构思与初步方案之间介入结构拓扑设计，可对建筑形态生成产生至关重要的影响，建筑设计方案阶段的结构选型对节省结构造价作用突出，应用该技术单位面积结构，耗材降低平均可达20%；然而，最优化的结构形态实则是最接近于自然的生物形态，如此从仿生理念出发抽象出适合大型建筑工程的原型，引导建筑方案的创新。因此，按照结构优化介入建筑设计的不同阶段，分别讨论结构的高度优化、结构的实体拓扑及结构的仿生拟态（图 4-1）。

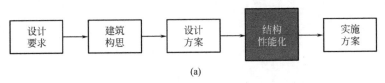

(a)

图 4-1　结构拓扑优化介入建筑工程中的不同阶段（一）

（a）建筑初始方案确定后介入结构性能化优化

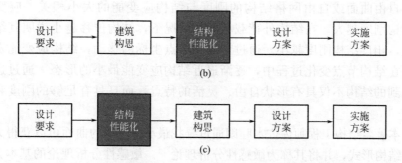

图 4-1　结构拓扑优化介入到建筑工程中的不同阶段（二）
（b）在建筑方案构思与设计方案之间介入结构性能化设计；
（c）利用结构性能化构思引导建筑方案构思

4.1　结构的高度优化

由于建筑学与结构学长期分化，在建筑师与结构工程师共同合作时存在着一个具有典型性的矛盾问题：相较于结构力学合理性，建筑师更有兴趣的是建筑几何形式，但往往建筑师所设想的具有张力美的建筑形体在实现过程中很不经济，也往往和优良的结构性能背道而驰；结构工程师常常拒绝过度夸张的自由形态，并从结构稳定性和经济性的角度推崇较为传统欧氏几何的结构形式，但建筑师更倾心于自由流动的建筑形象。

所谓高度调整，指通过对结构节点坐标进行修正从而得到结构应变能最小化的合理形态的结构优化方法。这种方法是实现建筑师浪漫构思的重要手段，其优势在于充分尊重建筑师的构思，在建筑师所设计的初始形态的基础上进行节点坐标调整，同时综合考虑建筑空间条件与审美要求等因素。通过这种方法，可以得到既保证建筑师意图又保证结构力学合理性的合理结构形态。因此，坐标调整法对建筑方案阶段的结构形态设计具有重要的意义。

4.1.1　网格结构的节点优化

自由网格结构是一种多组件体系，其机制是依靠个别的拉力及压力杆件间的协调作用而完成。通过向量机制，力的分解可在曲面上或三维方位上进行。在非线性建筑设计中，由结构杆件所形成的结构网格拥有更大的自由度，其变化无穷的形体塑造力得以挖掘。在自由网格结构的拓扑优化过程中，网格的杆件布置、节点布置及网格自身的分布即为可优化范围。

对于自由网格结构来说，结构性能与网格结构的节点高度具有相互作用的关系。自由曲面或自由网格结构的刚度与结构应变能的大小相关，应变能越小，结构刚度越大。在结构外荷载相同的情况下，结构位移越小说明其结构刚度越大，相反结构刚度越小。通过对结构节点坐标的移动，结构应变能发生改变，并在结构节点变化过程中，逐渐逼近结构应变能最小的形态。通过这种方法所得到的结构不仅具有形状自由、灵活的特点，而且具有足够的刚度和极限承载力。

日本著名结构工程师佐佐木睦朗通过寻找最小应变能的曲面可以获得力学最优化的结构形式，并将其称为敏感性分析理论[1]。敏感性分析理论的基本方程式可通过求应变能相对于位移参量"Z"的微分得出。例如，当一个特定的节点有微小的改变，整个结构上的应变能"C"可以被检测出。这样得出的微分协同率系数，从力学上讲，是结构的敏感性系数"α_i"。求出所有节点的敏感性系数就可以校核应变能的变化率，然后通过修改该方向上参量"Z"的值可以获得应变能减小之后的优化方案。该计算达到收敛的判断标准是结构系统中的应变能不再发生明显的变化。

敏感性分析理论公式如下。

$$C = \frac{1}{2}\{f\}^{\mathrm{T}}\{U\} \tag{4-1}$$

$$[K]\{U\} = \{f\} \tag{4-2}$$

$$\alpha_i = \frac{\mathrm{d}c}{\mathrm{d}Z_i} = \frac{1}{2}\{U\}^{\mathrm{T}}\frac{\mathrm{d}\{\sum_{\mathrm{e}}[K_{\mathrm{e}}^{(i)}]\}}{\mathrm{d}Z_i}\{U\}^{\mathrm{T}} \tag{4-3}$$

式中　　α_i——敏感性系数；

　　　　$\{f\}$——节点荷载矢量；

　　　　$\{U\}$——节点位移矢量；

　　　　$[K]$——单元刚度矩阵；

$\sum_{\mathrm{e}}[K_{\mathrm{e}}^{(i)}]$——节点 i 单元刚度矩阵总和。

$$Z_i' = Z_i - \alpha_i\Delta_z \tag{4-4}$$

式中　　Z_i'——Z 修改后的坐标；

　　　　Z_i——Z 修改前的坐标；

　　　　$\alpha_i\Delta_z$——参数调整修改量。

其中，设计参数为网格结构中的 Z 的纵向坐标，而评估对象为结构的应变能 C，敏感性系数 α_i 侧重于 n 元素编织成的结构中节点 i 在 dZ 变形条件下应变能的变化。当曲面形式修正后的 $\alpha_i > 0$ 时，节点 i 坐标变化后导致了应变能的增加，将 Z 坐标下拉；当曲面形式修正后的 $\alpha_i < 0$ 时，节点 i 坐标变化后导致了应变能的减小，将 Z 坐标上推（图 4-2）。

在得益于计算机编程及算法的同时，自由网格结构的敏感性分析方法对计算

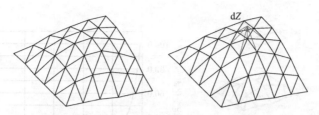

图 4-2　调整 Z 坐标以求得结构应变能最小

技术与验证提出了很高的要求。虽然，通过计算机的编程算法苛刻极大地缩短排除实现错误所耗费的时间量。但是，对于不同的初始形状，我们仍然不知道这种非线性的计算方法将会在何处收敛。为此，需要设立一个接近于预期的初始曲面形状，再通过高配计算机 10～15min 的计算获得一个更合理的计算模型，并评估一个节点的改变将对整个结构应变能产生多大影响。

对于建筑师来说，网格结构优化算法一方面可以帮助实现建筑设计构思，另一方面，我们可以通过对实验案例的总结归纳出空间网格结构较为优化的形态布置规律，从而在设计初期进行引用，在理想的结构形态基础上进行设计。通过对结构优化过程中所发生的变化规律进行总结，发现了结构高度拓扑的两个特点：首先是平面网壳向抛物面网壳演变，随着网壳中心的拱起，结构应变能减小；其次是节点从均质分布向疏密性能化分布演变，随着结构中心部位的节点向边缘部位移动，结构应变能减小。通过这种高度调整法所得到的优化后曲面网格结构在结构性能提高的同时，其曲面形态更富表现力。下面分别表示正方形单层网壳、圆形单层网壳及自由曲面单层网壳的进化过程：

（1）正方形单层网壳的进化过程。正方形网壳结构是一个非常常见的结构形态，其实用价值非常高。因此，可以从正方形单层网壳的结构优化过程观察结构高度调整法的作用机制。选取边长 4m 的正方形网壳作为结构优化的初始形态。其中，正方形网壳的四个连接点被设定为固定铰支座，各个结构节点所受到的竖向荷载为 10N，并设定结构杆件截面面积为 $2.73 \times 10^{-4} \mathrm{m}^2$、惯性矩 $I_x = I_y = 2.90 \times 10^{-8} \mathrm{m}^4$。所采用的材料弹性模量 $E = 210.0 \mathrm{GPa}$，泊松系数 $v = 0.3^{[2]}$。从图 4-3 中可以看出，网格结构形态明显趋近于抛物面形态，且结构顶部密度明显小于结构边缘的构件密度，并得出结构应变能的优化带来结构力学性能的稳定性的结论。

（2）圆形单层网壳的进化过程。对于体育建筑来说，圆形的屋盖结构是最为常见的几何形式，与建筑内部的功能相呼应。在传统的建筑与结构设计中，运用欧氏几何将圆形网壳进行均质化网格划分。然而，通过对单层网壳结构进行优化分析，可以发现均质分布结构网格并非最合理的结构布置方式。在进化过程中，圆形网壳中心各个节点均向周边移动，使得原始的标准圆形网壳向抛物线曲面网

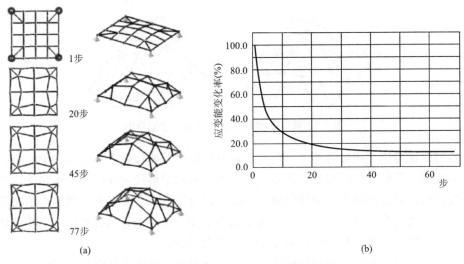

图 4-3　正方形单层网壳的进化过程
(a) 进化过程；(b) 应变能的变化

壳过渡（图 4-4）。通过正方形与圆形网格壳体结构的优化实验，我们可以得出具有渐变特性的网格布置方式是更为接近结构合理性的结构形态的结论。

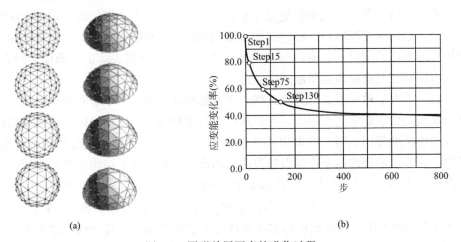

图 4-4　圆形单层网壳的进化过程
(a) 进化过程；(b) 应变能的变化

（3）自由曲面单层网壳的进化过程。对于非线性结构形态来说，正方形与圆形网壳结构都是特殊情况下的标准几何结构体，自由曲面网壳才是应用性更强的结构类型。图 4-5（a）为假定的剧院平面图，其结构边界尺寸为 45.0m×45.0m，其结构形态根据建筑功能与视觉要求设计了结构凸起与天井。对该初始结构形态进行高度调整优化。与前两种结构优化相同的是，较为扁平的结构部位

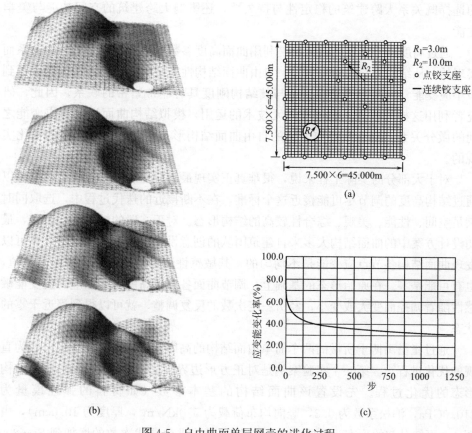

R_1=3.0m
R_2=10.0m
○ 点铰支座
— 连续铰支座

7.500×6=45.000m

7.500×6=45.000m

(a)

(b)

应变能变化率(%)

步

(c)

图 4-5　自由曲面单层网壳的进化过程
(a) 平面图；(b) 进化过程；(c) 应变能的产生

通过节点高度的调整，将原始扁平的微小曲面演变成明显的具有抛物线的凹凸区域。随着曲面变化幅度的增大，其结构应变能逐渐变小，最终生成曲面形态较为明显的自由曲面网壳结构。与此同时，这种结构优化所生成的结构形态更好地与内部空间结构相呼应，并带来流动感的建筑形象。

4.1.2　曲面结构的形体优化

曲面结构是通过曲面形态进行抵抗荷载的空间结构类型。而形态抵抗结构体系是可挠曲、非刚性物质的结构体系，其力的改向通过特殊的形态设计与特有的形态稳定实现，其基本组件主要只受到单一的法向应力，即压力或拉力（属单一应力条件的体系），不同于传统曲面结构形态中较为单纯的几何形状，如圆筒形、扁平球体形、双曲抛物面形等，非线性建筑中常出现的扭转、褶皱、不规则等自由曲面形态。对自由曲面结构的合理形态创构研究已经成为建筑领域与结构领域相交叉的全新课题，并十分具有前景。而自由曲面结构形态的选择既关系大跨建筑的稳定性与持久性，还影响大跨建筑的空间功能与美学性能。

通过高度调整实现结构优化是利用曲面高度参数与结构应变能之间的关系而实现的。从结构力学的角度出发，自由曲面结构性能最合理的标准在于是否达到最小应变能。自由曲面结构形态与其结构刚度具有非常紧密的联系。因此，研究者利用这样的原理，通过有限元技术的运用，模拟结构曲面高度与应变能之间的微分关系。具有最小应变能的自由曲面结构形态是通过曲面形体的变化实现的。

对于大部分的实际工程来说，很难真正实现最小应变能的理想状态，但可以通过结构高度的调节尽可能接近这个标准，在不断接近的迭代过程中，选取同时满足空间、性能、美观、综合性较高的结构形态。对于一般的结构工程来说，最初设计方案中的曲面结构大多来自建筑团队的创意设想，对其进行结构计算可以发现曲面结构各节点应变能是不均匀的，其敏感性值可能是正值也可能是负值，也有可能是零。在原始形态的基础上，调节曲面各节点高度，其相应的应变能敏感性随着调控而变大或变小，经历一定次数的反复调整，就可以得到逼近于零的状态。

通过崔昌禹博士所做的两个简单曲面结构的高度调整优化，以呈现出较为直观的优化过程[3]。第一个实验案例是对正方形边界（50.0m×50.0m）曲面结构形态的优化过程。先设置该曲面结构的基本参数（如材料的弹性模量为210.0GPa，泊松系数为0.3，竖向均布荷载为5.0kN/m²，厚度为10.0cm），由图4-6可知其初始形态为扁平的曲面结构。随着进化迭代次数的增加到 Step200 时，该四边形曲面结构逐步从 Step1 中的扁平型过渡到类似于金字塔比例的抛物面形态。与此同时，可通过另外一条控制线了解优化的质量，如图4-6所示，结构应变能变化的速度并非匀速，而是与结构形态变化程度相关。对于该曲面结构，当迭代到 Step100 左右时，结构应变能减少的速度开始变慢，并呈现出收敛的状态。通过这样的优化计算，可以最大限度抑制自由曲面结构形态的弯矩的产生。第二个实验案例是采用扁平凹凸形曲面作为起始结构，随着优化进程的加深，扁平凹曲面逐步演变为具有明显凹凸趋势的曲面形态（图4-7）。通过这两个实验可知，起始曲面结构形态的微小变化对于最终得到的合理结构形态具有重要的影响。另外，还可以总结出合理曲面结构形态的大致规律，较为扁平的结构形态的合理性一般较差，而具有明显曲面变化的光滑曲面形态或者接近于抛物面的曲面结构将具有较好的结构应变能敏感性。

结构优化中的高度调整法是将建筑与结构完美结合的有力工具。在实际工程中运用该方法，可以较大地支持建筑方案中的建筑构思，满足建筑师的设计意图，还可以在实现多种多样自由变化的曲面结构同时保证结构的合理性。具体操

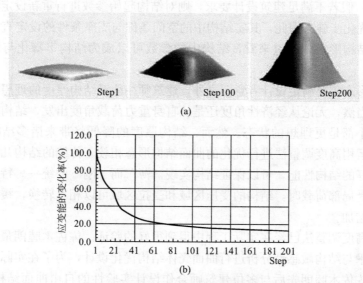

图 4-6　正方形简单曲面结构的进化过程

（a）进化过程；（b）应变能的变化

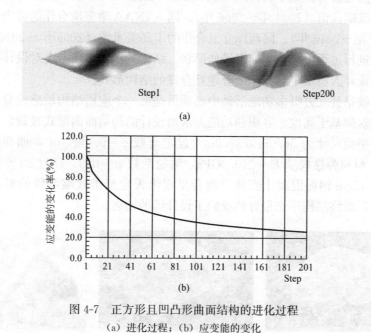

图 4-7　正方形且凹凸形曲面结构的进化过程

（a）进化过程；（b）应变能的变化

作步骤为：第一，建立建筑初始方案的结构模型，设置空间条件、支座条件等各种要求；第二，应用高度调整法对原始结构形态进行迭代优化；第三，对得到的曲面结构形态进行综合评价，假若满足建筑设计要求，则可进入具体结构设计之中，假若不满足建筑设计要求，则对结构起始参数进行重新设定，并进行第二步的优化步骤。因此，其实结构中的空间条件与支座条件的设定直接影响最终得到的结构形态，反过来看，结构中的参数可以成为结构丰富化与多样化的宝库。

除了形态需要满足设计者意图之外，建筑师往往对结构厚度的理想状态有一种执念。当然，无论从经济性角度还是从自身重力荷载角度出发，结构厚度最大限度地减小都是更理想的状态。然而，结构厚度的降低将带来诸多结构的薄弱点，但是运用高度调整法进行优化的曲面结构形态相较于传统的结构几何形状具有更加良好的结构性能，可以保证结构实现"薄"而"刚"的统一。特别表现在当结构承受局部荷载时，结构的受压区域和受拉区域可以相互转换，缓解结构内部应力的增加。

这种高度调整法已经在实际工程中得到很好的验证。佐佐木睦朗最早提出基于编程技术与结构敏感性分析进行曲面壳体结构优化设计，为了在实际工程中得到验证，佐佐木睦朗先后与多位建筑师合作设计实验性的自由曲面结构项目[2]，其中包括同矶崎新合作岐阜县北方町社区中心（2002 年～2005 年）、同伊东丰雄合作的福冈爱蓝岛新城中央公园"Gringrin"项目（2003 年～2005 年）以及日本岐阜县市政殡仪馆（2004 年～2006 年）、同 SANAA 事务所合作的劳力士学习中心（2004 年～2010 年）、同西泽立卫合作的丰岛美术馆（2008 年～2010 年）。在这些项目进行过程中，为了确定最佳形状，结构工程师必须多次对设计变量进行调控以供设计人员从中寻找一个有趣且合理的结构形式。

日本岐阜县北方町多功能活动中心项目是第一个应用结构敏感性分析理论的项目。建筑师基于高度、容积和功能需求而设计的初始曲面形式被确定为初始设计参数：平面尺寸为 56.0m×39.0m，设定荷载 $q=5.0\mathrm{kN/m^2}$，曲面厚度 $h=15.0\mathrm{cm}$，材料弹性模量 $E=210.0\mathrm{GPa}$，泊松系数 $v=0.3$。经过 20 步迭代，最终屋盖以 15cm 钢筋混凝土壳体的组合呈现出无定型柔软编织物的形态（图 4-8）。同时，最终结构形态很好地反映了设计师的初衷。

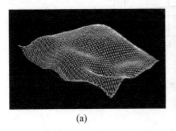 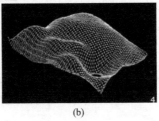 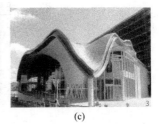

(a)   (b)   (c)

图 4-8 日本岐阜县北方町多功能活动中心
(a) 初始形式；(b) Step20 最终形式；(c) 建筑外观

　　被称为"冥想之森"的日本岐阜县市政殡仪馆（殡仪馆）是一个非常成功的建筑作品，其最终结构形态轻盈流动，带给人们肃穆崇敬的情感依托。该自由曲面屋盖结构覆盖了长80m、宽60m、厚200mm的异型平面空间。由于该项目地形临水，还考虑建筑特殊的功能类型，因此，屋盖结构被设想为白色连续波动的水上漂浮物。同时其对结构的要求非常高，厚度的限制以及光滑流动感都为结构设计带来巨大的挑战。佐佐木睦朗利用敏感性分析方法对建筑师描绘的初始屋盖形态进行修正，从而得出一个满足应变能和形变最小的优化结构形式，如图4-9（a）所示。这片自由曲线屋顶表现着宁静与流动交融的漂浮感，在这里恐怖阴森的意味尽失，而自然地将人们带入生与死的哲学思考，日本人把死者称为"往生者"，这个作品正是融入建筑功能、结构效率与日本文化韵味的绝佳之作，如图4-9（b）所示。

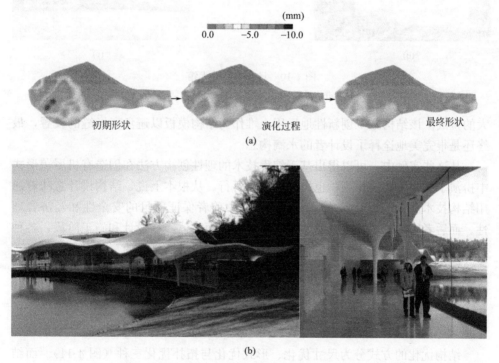

图 4-9　日本岐阜县市政殡仪馆——"冥想之森"
(a) 进化过程；(b) 建筑外观

　　在日本香川县的丰岛美术馆项目中，建筑师西泽立卫希望建设一座光滑流动的水滴般的建筑，整个建筑中除了艺术品只有光线[4]（图4-10）。该结构主体是一座60.2m长、42.7m宽的椭圆形自由曲面钢筋混凝土壳体，其屋盖覆盖的是一个半室外的美术展览空间，而屋盖之上布置有两个开口，允许光线的进入。建筑师设想的光滑度要求、轻薄的结构厚度与扁平的结构形式为结构设计带来了很

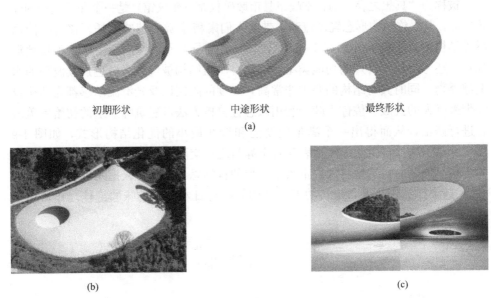

初期形状　　　　　　中途形状　　　　　　最终形状
(a)

(b)　　　　　　　　　　　　　　　　　(c)

图 4-10　日本丰岛美术馆
(a) 进化过程；(b) 建筑外观；(c) 内部空间

大的挑战。该结构施工创新性地运用土堆作为结构模板以避免变形缝的设置，最终还是很完美地诠释了设计者的水滴构思。

从这些实例中，可以得出基于编程技术的理性创构方法在创造有机屋盖形式中扮演了非常重要的作用，也被证明实际可行。从根本上说，结构设计意味着通用结构技术和创造性建筑表达的结合。其中前者保证项目的安全性和经济合理性，而后者则与艺术相关。要实现这些自由曲面壳体，在设计和施工阶段，各种讨论和实际问题的独创性解答都是当代钢筋壳体设计所需要的。

4.2　结构的实体拓扑

结构优化的方式分为尺寸优化、形式优化与拓扑优化三种（图 4-11）。而结构拓扑优化是结构优化方式中的一种[5]。结构实体拓扑的优化方式是通过结构材料分布的调整寻找具有结构合理性的最佳分布方案。具体来说，就是在给定的设计区域内寻求结构材料分布的最优方式。不同于结构优化方式中的尺寸优化和形式优化方式，拓扑优化方式对结构材料分布的调整较为自由，且呈现出类生物骨骼的仿生形态，更具科学理性。

通过结构实体拓扑得到的结构形态具有新颖独特的建筑效果。传统的建筑设计工作中，结构优化工作是在建筑方案之后进行的，在建筑师的方案基础上，对其结构布置进行优化，然而，这样的优化所起到的作用是极其有限的。那么，我们是否可以运用结构优化的方法，运用结构优化生成的极其丰富的结构形态作为建筑方案的起始点，将浪漫的建筑构思建立在坚固而高效的结构形态之上，这样势必会创造出既技术高效又兼顾美学欣赏的建筑作品。将结构逻辑作为一种基因，植入自由曲面结构形态的设计生成阶段，以期实现建筑形态自由性与结构效率的共赢。

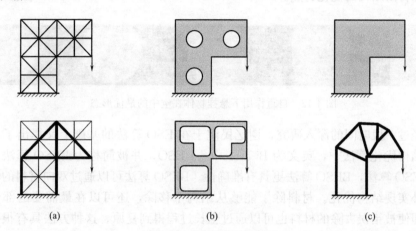

图 4-11　结构优化的方式
(a) 尺寸优化；(b) 形式优化；(c) 拓扑优化

4.2.1　简单结构的拓扑生形

结构拓扑是模仿自然界的进化现象，利用有限元法计算结构相关力学特性，通过调整原始结构中的实体材料分布实现结构性能合理化的结构形态，其中对材料分布的调整方式包括保留、淘汰与补充的操作方式。结构拓扑优化能够确定设计体量中空腔所处的最佳位置和形态，其目的在于通过结构形态、形状和尺寸的演变，从而有效地生成在结构上经济高效、在建筑上富有创新的概念设计。

最早的结构拓扑优化方法为渐进结构优化法，其英文为 evolutionary structural optimization，并被简称为 ESO 算法。ESO 算法在 20 世纪 90 年代由谢亿民院士创构[6]。该方法通过去除结构中低应力材料使最终的结构形态为最优化的结构。ESO 算法是过去 30 年来产生的各种拓扑优化算法中最常用的算法之一，使用简单且高效，能够应用于各类结构设计问题。20 世纪末，由于拓扑结构优化方法的出现与完善，建筑师开始尝试将其应用于大型建筑的形态设计。渐进结构优化法（ESO）是当下被广泛运用的结构算法，其基本概念非常简单，将结构效率低的部分的材料或未被充分利用的材料重新分配到需要的位置，最大限度地提高结构系统性能并减少结构的重量。

通过一个实例展示 ESO 算法对结构进行拓扑优化的过程。下图为一个利用 ESO 算法进行形态优化的样例，假设初始物体是在自重作用下的悬挂物体[7]。将正方形设定为初始形态，为模拟自重作用于悬挂之间的关系，因而在正方形顶部中间位置断开两个小口；如图 4-12 所示，被切开两个小口的正方形在拓扑优化过程中逐渐删除四个角度低应力材料而呈现出类似自然界中的苹果状形态。由此可见自由结构的优化特点。

图 4-12　自重作用下悬挂物体在空中的最优形态

经过一段时间的深入研究，谢亿民院士在 ESO 算法的基础上又提出了双向渐进结构优化算法[8]，英文为 Bi-directional ESO，并被简称为 BESO 算法。相较于 ESO 算法，BESO 算法更具有准确性。BESO 算法可以通过双向材料的移除和增补实现结构优化。材料除了能够从结构中移除，还可以在最需要的部位生长，即使被错误去除的材料也可以通过生长过程得到复原。这种方法具有很好的稳定性和准确性，近 10 年在全球范围内被广泛应用。ESO 与 BESO 拓扑算法的应用可以在建筑初期帮助建筑师提供合理结构形态构思，以此创造新颖高效的建筑作品。

当对三维曲面进行拓扑优化时，会形成一些孔洞。例如，以球形壳体结构作为初始模型进行实体拓扑优化，并以应变能敏感性作为目标函数[9]。从第 1 步到第 5 步可以看出，结构形态变化明显，在结构应变能敏感性较小的部位逐渐被消除，而敏感性大的部位不断得到补充。在第 5 步中已经呈现出相对成熟的结构形态。而到了第 9 步已经进入进化的结束阶段，结构体细部得到进一步的修正，最终生成了应变能敏感性等分布的新结构体（图 4-13）。

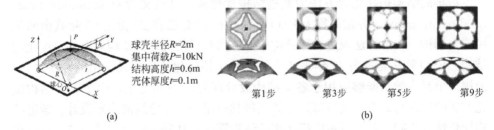

图 4-13　球形壳体的结构进化过程
（a）计算模型；（b）结构体进化过程

结构拓扑方法对于非线性结构形态找形具有以下几方面的积极作用：

（1）帮助建筑师确定合理的建筑形态。从自由曲面结构来看，结构实体拓扑的关键性问题在于如何合理地布置孔洞大小、位置及形状。借助拓扑优化法，建筑师和结构工程师可以在初始设计阶段，依据设计需求寻找最高效的结构形式概念。

（2）从提高进化效率的角度指导初始建筑形态构思的选择。通过对进化原理的熟悉，掌握结构在进化过程中如何将效率低的部分淘汰，如何使效率高的部分得到充实，归纳优化后结构形态的共性，从共性中挖掘结构形态的创造力，以此作为建筑设计前期的资料准备。在这个基础上进行建筑形态构思，可以避免最终生成的合理结构形态与原设计大相径庭，而可以更好地与结构工程师合作，并且将建筑师最初的构思顺利地深化实施。

（3）通过设计变量的调控得出多种不同的建筑形态，可供设计人员进行多种合理方案的选择。同上文所述，受益于现代化数字技术的发展，结构优化计算的可视化为建筑设计提供了非常有意义的平台，当自由曲面结构形态在拓扑优化进程中，可以设定浏览不同阶段的形态。随着迭代次数的增加，曲面结构形态具有丰富的差异性与表现力，那么设计人员可以在其中较为接近结构合理状态的多种形态中挑选几个作为设计中的备选方案，进而结合建筑设计空间需求、环境分析等条件进行最后的筛选。

日本建筑师矶崎新（Arata Isozaki，1931 年）先生与结构工程师佐佐木睦朗合作设计的上海证大喜马拉雅艺术中心（Himalayan Art Center）被称为"异型林"的群楼部分（图 4-14）及新卡塔尔国际会议中心（Qatar Education City Convention Center）（图 4-15），都应用了结构实体拓扑方法，在确保结构力学合理性的基础上创造出不规则且带有未来感的建筑形象[8]。不足之处在于，该建筑在实施阶段却在一定程度上背离了渐进结构优化法的初衷。渐进结构优化法要求

图 4-14　上海证大喜马拉雅艺术中心

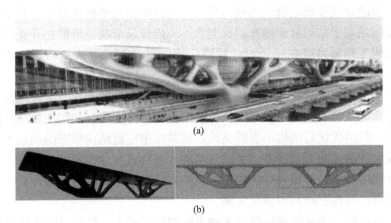

(a)

(b)

图 4-15　新卡塔尔国际会议中心

(a) 建筑表现；(b) 拓扑生成的结构模型

在结构上运用单一、连续、均质的材料，而该项目在建造过程中却运用由钢板表皮、钢筋水泥网架内部支撑的复合结构，结构优化设计所应具有的性能优势被削减了。由于目前生产技术和配套设施的不完善，建造结果差强人意，需要在未来技术环境下继续深入研究。

4.2.2　复杂结构的拓扑生形

随着结构拓扑优化的深入，从简单结构的拓扑优化逐渐过渡到对复杂结构进行实体拓扑，并从中总结出非线性结构拓扑优化的形态规律，见表 4-1。从表中可知，在结构主要受力部分，其基本单元将会变粗、变密，可以有效地加强主体结构；在结构可能发生形变的部分，其基本单元将会变细、变疏，以适应较大形变；在需要保护的部位，其基本单元将变得更为密集、网格更小，材料强度增大。

非线性结构形态拓扑优化规律　　　　　　　　　　　　　　表 4-1

特殊部位	结构材料的分布规律
主要受力部分	基本单元将变粗、变密，有效地加强主体结构
可能发生形变部分	基本单元将变细、变疏，以适应较大形变
需要保护部分	基本单元将变得更为密集、网格更小，材料强度更大

崔昌禹在 ESO 算法及 BESO 算法的基础上，提出了改进进化论方法。与 BESO 算法接近的是，改进进化论方法也是在对结构材料的增加和消除中演化出高效结构形态，但不同的地方在于改进进化论方法引入了等值线或等值面的概念。其特点表现为：第一，为元结构体设置允许空间，使新结构体在允许空间范

围内消除、生长抑或是移动；第二，等值线可以作为反应结构内部应力分布的情况及特性，并为进化提供标准，而由于进化结构边界是以光滑的等应力线替代有限元单元的精度，因此，在试验前期不需要对有限元单元做细致的细分；第三，由于初始结构形态为自由形态，因此，在进化过程中无需做过多的特别处理。

通过一个实验案例清晰地认识改进进化论方法在结构拓扑优化中一个新结构体生成的具体过程[10]。首先，假定结构体 S^k 与允许空间 Ω_0，其中允许空间 Ω_0（图 4-16a）是不变的量，表达其内部的 von mises 应力的连续性；将允许空间 Ω_0 划分为网格；接下来利用有限元法计算出结构体 S^k（图 4-16b）对应允许空间中每一个结构网格单元的 von mises 应力值，并将结合结构体 S^k 应力分布特性的新允许空间记为 Ω_k；其次，在允许空间中引入等值面，根据每个单元格应力值计算出成熟荷载效率分解线，记为 x_c^k；最后，以等值线 x_c^k 为分界将允许空间 Ω_k 分为两部分，即为大于 x_c^k 的空间 Ω_m^k 和小于 x_c^k 的空间 Ω_n^k，因此，得到新的结构体 S^{k+1}（图 4-16d）。其中所涉及的两个公式如下。

允许空间内的等值线或等值面是通过每个结构格子中应力值的计算而得出的。等值线的分布可以表示 Ω_k 的 von mises 应力分布特性。假设，结构所承受荷载效率的高低分界应力值——消除基准值为 x_c^k，则等值线（面）可用 L_c 公式为：

$$L_c(x, y, z) = x_c^k \tag{4-5}$$

新的结构体 S^{k+1} 公式为：

$$S^{k+1} = \Omega_m^k = \Omega_k - \Omega_n^k \tag{4-6}$$

图 4-16（c）中我们可以看出，第一，允许空间中小于基准值 x_c^k 的区域被消除；第二，大于基准值 x_c^k 的区域有所增值。因此，在结构优化过程中既有材料的补充也存在材料的消除，进而生成密度差异化的有机形态。图 4-17 为将该方法应用到自由形体的允许空间的结构进化过程[11]。

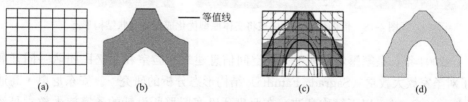

图 4-16 新结构体的形成

（a）允许空间 Ω_0；（b）结构体 S^k；（c）具有应力分布特性的新允许空间 Ω_k；（d）新的结构体 S^{k+1}

在现阶段的技术条件下，结构拓扑优化可以提供给建筑师创作灵感，作为可参考的结构形态雏形，而未必有精确可用、一步到位的完善结果。然而，积极来看，建筑师的想象空间可以与理性判断建立起一定的联系，通过材料分布的优化促使设

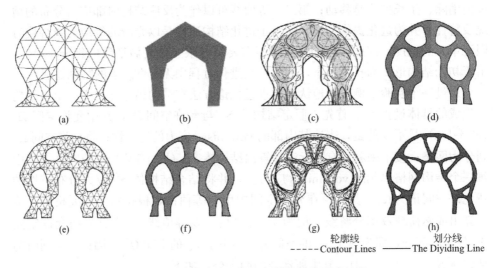

轮廓线   划分线
-----Contour Lines   ——The Diyiding Line

图 4-17 临时允许空间和新结构体的形成过程
（a）Allowable Space 容纳空间；（b）Structure 结构；（c）Forming Contour Lines 形成轮廓线；
（d）1st New Structure1 号新结构；（e）Temporary Allowable Space 临时容纳空间；
（f）1st New Structure1 号新结构；（g）Forming Contour Lines in Temporary Allowable
Space 在临时容纳空间形成轮廓线；（h）2nd New Structure 2 号新结构

计灵感的落实。例如，通过结构拓扑技术对某体育场方案的探索（图 4-18），对三维自由曲面结构拓扑从而生成类骨骼状结构形态，非常有创造力[12]。

图 4-18 借助仿生力学内核将实体原型优化成类骨骼状结构形态

2004 年，皇家墨尔本理工大学空间信息建筑实验室和谢亿民团队一同开展了对圣家族大教堂（Sagrada Familia）结构形态分析的研究[7]。安东尼奥·高迪（Antoni Gaudi，以下简称高迪）在西班牙巴塞罗那所设计的圣家族大教堂是经典之作（图 4-19）。通过计算机模拟计算，最后发现高迪对于结构形态的塑造能力竟然与计算机 ESO 或 BESO 算法所生成的结果极其相似。一方面，感叹高迪对于自然结构形态的惊人的洞察力，另一方面也证明了 ESO 或 BESO 算法的可应用价值。研究者们应用了 ESO 算法揭开高迪设计之谜，分别将受难整体结构与上半部分的柱子形态作为主要研究对象。首先，从一张现存的高迪的受难门

（Passion Façade）手稿照片开始，以其作为结构优化过程的起点，并以结构主应力值作为优化标准，去除受最大拉力的部分材料，最后生成全部受压力的结构形态如图4-19（b）所示。接下来，对上部柱子结构形态进行模拟。起初，在二维有限元分析法的基础上对倾斜表面上的柱子进行拓扑优化计算，为模拟山墙过梁对柱子所施加的荷载作用，假设在柱子上部施加均布荷载；进而，运用三维数字算法，拟定柱子上下表面为水平的，并分别固定在地上及与上部山墙相连接，最终进化生成树状分叉结构。所得到的柱子形态与原教堂中厅柱子形态非常相似。

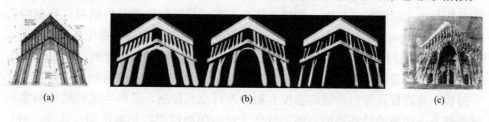

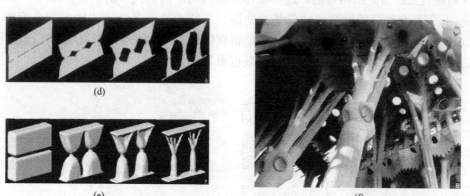

图 4-19　圣家族大教堂

（a）皮特·菲蒂所绘制的受难门最初的设计草图；（b）圣家族大教堂受难门立面的形态演进计算；
（c）现存的高迪的受难门设计手稿的照片局部；（d）倾斜表面上的柱子结构优化过程；
（e）水平面上的柱子结构优化过程；（f）圣家族大教堂中厅的柱子

4.2.3　自由形态的数字生形

在数字化结构生形时代，运用计算机平台对结构进行分析、计算，甚至依据结构性能化生形，对现代建筑设计而言意义重大。为了使这种结构拓扑优化方法可以具备更高的应用价值，可以将其编程开发为计算机工具包，并可供建筑师常用软件平台交互，以便于设计者可以便捷地、直观地运用这种结构拓扑方法而指导实践。运用参数化工具对结构力学指征进行计算，突出建筑结构的力学逻辑，并对其进行优化从而得到具有高性能的结构原型。进而，在建筑设计过程中，通过模拟、分析、计算、优化结构性能（结构稳定性、抗震性能、材料特性、几何特性、建构逻辑等），计算出物体在荷载作用下的主次应力场，并依据应力场形成结构构件。

哈佛大学设计研究生院的帕纳约蒂斯·米哈拉托斯助理教授致力于利用交互式数字化工具重新建构建筑学与结构工程学之间的连接关系。在有限元分析和拓扑优化方法的基础上，其开发了诸如 Millipede、Topostruct 等结构性能工具，并将其应用于哈佛大学建筑学教学实践之中[13]（图 4-20）。其中 Millipede 是一个基于 Grasshopper 平台的力学插件，包含一个用于处理设计过程中多种线性结构分析与优化问题的工具库。相较于传统有限元分析软件中分析结果以数据的形式输出，Millipede 的创新之处在于对分析结果的几何化提取和可视化展示，从而实现与参数化设计找形过程的对接。以曲面结构的表面图案生形为例，Millipede 能够对分析结果进行几何优化，并将优化后的正应力曲线附着回曲面上，并且在这一过程中允许设计师对曲线的密度和粗细进行交互控制，最终生成的结构图案不仅能够表征曲面的结构性能，还可以作为结构曲面网架找形的依据。此外，Millipede 同样允许分析结果以向量场、曲面、特征函数等多种形式输出到曲面中，以适应多样化的设计需求。帕纳约蒂斯将软件视为一种使理论知识变得可操作化的便捷途径，一种比起学术论文更直观也更易理解的总结研究成果的方式。

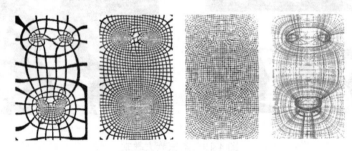

图 4-20　帕纳约蒂斯运用有限元技术输出正应力分析图形

尽管数字化生形技术是较为前沿的学科领域，然而，SOM 建筑事务所（Skidmore，Owings & Merrill）已经关注数字技术 50 余年，并将数字化生形技术应用于实际工程项目之中，如韩国首尔龙山写字楼竞赛项目（Yongsan Office Tower，2009 年）、中国上海白玉兰写字楼（White Magnolia Office Tower，2010 年）、澳大利亚悉尼写字楼（Office Building，2012 年）等高层建筑，都是将结构拓扑技术运用到高层结构设计之中，并将优化后的新结构体作为建筑形象的表现特点。在 2011 年所设计的中国上海商业发展中心项目中，同样运用了结构计算的方法联系三栋高层建筑的水平空间结构[5]（图 4-21）。对其上部加设竖向向下的均布荷载，并在底部依据建筑方案实际连接点加设向上的竖向支撑力，就此计算出最终的结构内力分布线。直接运用内力分布线作为该空间结构的结构表现，是人脑所无法想象的形态，颇具吸引力。

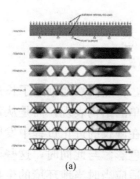 

(a)　　　　　　　　　　　(b)

图 4-21　中国上海商业发展中心项目
（a）拓扑优化展示了新奇的表达方式；（b）利用结构计算的几何形式作为建筑表现

　　在第 5 届中国国际建筑艺术双年展（2013 年）上，由伦敦建筑师扎哈·哈迪德与维也纳结构工程师波林格·古哈曼共同设计的展亭展现了依据结构性能生成结构形态的实验性设计理念，是一座高度结构化的雕塑作品（图 4-22）。概念上，为与费利克斯·坎德拉（Felix Candela）作品继承并对比，该网壳结构优化逻辑从表面中间断开为相互连接的三部分，并引入干扰控制模式。该案例从结构形式生成、检测、计算与优化，运用了参数化平台下的 karamba 技术（karamba是完全嵌入 Grasshopper 参数化环境中的 3D 建模插件，结合参数化几何模型与有限元计算和优化算法，karamba 提供的空间结构分析易于使用，适合建筑师在早期设计阶段的应用），为结构工程师和建筑师之间的紧密工作搭建平台，建立数据接口，全面促进概念、形状、图案和细节的发展和推敲。结构形状建模和优化以网壳作为原型，使用多目标进化算法作为辅助决策，结构网格图案来自重力的主应力作用，可以有效地消除剪切力，其余的内部应力由多层管状系统承担，可以适应额外施加的外部荷载。

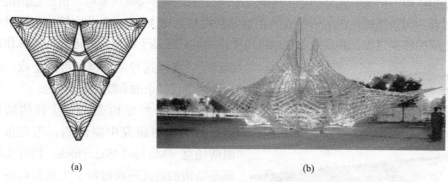

(a)　　　　　　　　　　　(b)

图 4-22　第 5 届中国国际建筑艺术双年展展亭
（a）壳体平面；（b）追随性能生形的结构骨架

4.3 结构的仿生拟态

生物学中优胜劣汰在漫长的生命世界中不断循环，自然而然地创造了长达数百万年的多样性生物结构。然而，这种丰富性并非简单的结构表现，而是从苛刻及残忍的自然环境中生存下来的证据。因此，生物体在漫长的进化过程中发展出了其各自的结构原则，表现出流动、可变以及丰富的色彩。与此同时，这些丰富的结构原则在每一个物种的进化过程中，都会演变成适应当时当地环境的生物形态，这其中综合了大量内在和外在的结构准则。

结构仿生一直是结构工程师与关注结构领域的建筑师的共同追求。对结构分析与优化计算仅仅是人们在追寻仿生路上的一个里程碑，至少我们可以通过公式计算模拟一定量的进化过程。对于建筑而言，在对新结构材料研究的基础上，将建筑设计、加工与建造进行协同，可以跨越当前施工建造的技术壁垒，从而实现复杂仿生结构形态，进而生成可持续的、可交互的建筑结构形态。

大跨建筑结构形态的演变是在模仿生物结构形态的道路中发展出来的，其对结构性能及美学表现的双重要求都可以在自然形态中找到灵感与答案。自然形态中的多样性对于大跨建筑来说更是一种结构创新的宝藏，建筑师要不遗余力地对其进行挖掘。受益于数字技术的发展，一些先锋派建筑师运用新技术、新材料及新建造方式，展开了结构仿生的新篇章，实现了真正深入本质的结构拟态。

4.3.1 桁模混合

桁模混合结构是结构仿生研究中的一种重要发现。桁模混合结构是结构曲面的壳体性能与结构矢量的空间网架性能的杂交，是模结构与桁架结构共同有策略地应对结构作用的结果，在结构受力性质改变的位置变换结构抵抗策略，由形态抵抗自然过渡为向量抵抗，由结构曲面转换成结构网格（图4-23）。在曲面结构与网格结构之间的转换过程，并非简单规则可以操作的，而是基于结构性能进化的深入作用的结构，通过这种结构模式可以生成一种高度精巧且复杂的非线性结构形态。

桁模混合的结构逻辑是从自然结构形态的认识与研究中得出的。迈克尔·温斯托克（Michael Weinstock）结合生物形态结构的研究进而解释了生物结构的生存策略，即通过其材料组织的变异适应外界荷载的变化作用。众所周知，涌现组

图 4-23 桁模混合结构

（Emergent）一直致力于与建筑学相关的生物学、复杂性科学以及工程计算等领域的研究，为建筑学提供多种支持。通过不断的研究，汤姆·维斯库姆（Tom Wiscombe）发现了很多自然生物形态中的奥秘，其中一个即是桁模混合结构。如睡莲叶枕结构，其表面为了最大化吸收光合作用而生长出宽阔平滑的膜结构，而叶枕背面的叶脉形式通过进化增强在水面上的稳定性与浮力，因此，形成了很深的锥形脉管（图4-24）；又如刺猬状的脊椎结构，其在自然选择作用下形成多孔而坚硬的垂直性层级网格结构（图4-25），为了以最少材料产生最大的力。田纳西大学空间所研究员将这种桁模混合结构原理运用到喷气式战斗机的设计上。Boeing-McDonnel-Douglas F/A-18E 喷气式战斗机，是一个杂交的半硬壳式结构，由制造机翼和机身的钢、钛合金，以及制造副翼、后鳍和其他填充部件的碳纤维结构制成（图4-26）。与普通的结构系统不同，这种喷气机是基于不同深度、厚度、网格尺寸和材料特性的结构区域的极端优化而来的。

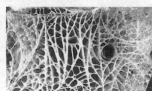

图4-24　睡莲叶枕的结构　　图4-25　刺猬状的脊椎结构　　图4-26　采用桁模结构
　　　　　　　　　　　　　　　　　　　　　　　　　　　　　　　　的喷气式战斗机

　　自然界中的结构形态并非简单的几何学、结构学可以解释的。仿生结构的非均质、异质性特点是通过长期自然进化得来的，充满了大自然的力量。因此，人类在工程结构的性能化创新中，常常从自然界中寻找灵感。如蜻蜓翅膀结构非常复杂且具有无可比拟的结构性能优势（图4-27）。其结构形态是应对各种外力和物质特性的综合模式系统的复杂结果，而不是简单的最小化或最优化的数值标准可以解释的。随着不断的进化，蜻蜓翅膀逐渐形成由膜结构与骨架结构相交融的复合结构，并形成不同密度、形状的翅膀图案，这些结构上的丰富化都是其内部充满高效能适应性的基础。

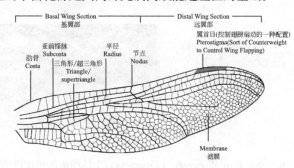

图4-27　对蜻蜓翅膀结构的研究

涌现组与标赫工程设计顾问有限公司共同开发了一系列关于结构与形式关联的设计作品，2007 年在南加州建筑学院的"蜻蜓"项目即是其中一个（图 4-28）。该项目利用蜻蜓翅膀异质化的结构特点，设计一个有着高度结构适应性的综合环境。例如，蜂巢板在水平方向的应用表现良好，但抗剪力差，而这种双向系统具有更大灵活性，可以应对局部条件的行为转移。其具体过程，利用阵群由随机突变的生成方式，并基于给定支持和荷载条件下，在一个综合迭代的反馈回路中对结构进行合理性测试。利用与整体结构形状、个体细胞形态脉络分布和褶皱、深度和材料厚度相关的边界条件，使结构的结合形态同时朝向功能性和极端的多样性方向演进。最终，在涌现选择中找到合理性的几何形态。

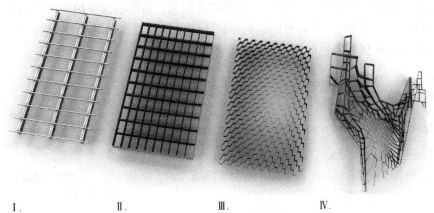

Ⅰ.
Trabeated 横梁式的
Heirarchical 继承性
Performance Associated with Primaries
与原始相关性能
Secondaries as Infill only 仅作为第二填充物
Linear Force Flow 线性力流

Ⅱ.
2-Way plate 双向板
Non-Heirarchical 非继承性的
No Response to Local Conditions
对局部条件无反应
Good Stiffness 良好刚度
Unresponsive to Indeterminant Force Flow
对非决定性力流无反应

Ⅲ.
Honeycomb plate 蜂窝板
Non-Heirarchical 非继承性
No In-plane Stiffness 无面内刚度
Flexible Infill 柔性填充
Unresponsive to Indeterminant Force Flow
对非决定性力流无反应

Ⅳ.
Dragonfly Composite 蜻蜓复合材料
Emerging Structural Heirarchy in Distributed Field 分布式填充结构继承
Localized In-plane Stiffness(Quad Cells) 局部平面内刚度(四胞)
Localized Flexible Infill(Honeycomb Cells) 局部柔性填充物(蜂窝)
Adaptive Response to Indeterminant Force Flow 非定常力流的自适应响应

(a)

(b)

图 4-28 Tom Wiscombe（Emergent）主持的南加州建筑学院"蜻蜓"项目（Dragonfly，2007 年）
（a）结构拓扑过程；（b）模型与建造

　　建筑师一直致力于仿生几何学，认为真正的结构原型是对结构、机械和循环行为的研究，认为结构是壳体和空间网架的杂交，从面到线的杂交和液态的循环。涌现组在 2008 年设计的瑞士松兹瓦尔艺术表演中心项目方案（Sundsvall Arts Theater）（图 4-29），是从实验性当代都市空间的创造以带动松兹瓦尔滨水地带复苏的目标出发[14]。首先，运用结构拓扑的方法将结构演变为舒展柔软的体量以对环境作出回应；其次，根据表面的壳体性能和矢量的空间骨架性能的杂交对结构表面进行设计。在满足壳体结构性能的基础上使结构厚度接近最小值，而当结构发生弯曲时使部分结构厚度达到平板网格所允许的最大值，如此就生成了一种基于三维向量的面线杂交的空间网架结构。在这里，结构材料的布置并非简单地设计，而是通过复杂而深入的对生物形态规律的挖掘。其所创造的空间是一种高度精巧而复杂多变的内部环境，可以根据视线、光线等环境因素与结构性能综合生成。对于结构本身来说，由于其异质性可以抵御各种外界的变化，比如有些结构局部显示出明显的壳体性能，而部分区域显示出抗弯曲的性能，如若受到较大的剪力作用则将被金属外壳所吸收。这种基于多目标的结构设计，将是未来结构发展的方向。

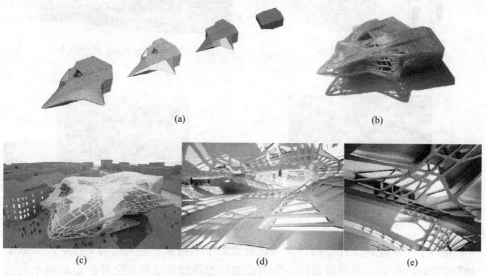

(a)　　　　　　　　　　　　　　　　(b)

(c)　　　　　　　　(d)　　　　　　　　(e)

图 4-29　瑞士松兹瓦尔艺术表演中心

(a) 结构拓扑过程；(b) 模型；(c) 建筑表现；(d) 内部空间；(e) 结构细部

4.3.2　性能化装饰

　　自然生物为了维持其在复杂多变环境中的生存状态，满足各种供养其生存的需求而形成了一些难以用计算描述的复杂结构。这些结构除具有美丽的装饰性外还具有极高的性能，因此，我们称之为"性能化装饰"。例如，通过力流的转移实现荷载的分散，以及通过对循环的疏通创造能源的最大化利用。又如，一项关于历史性军事盔甲及当代潜水服的研究揭示了装饰性认知与结构性和人体工程学之间的复杂关系，在未增加整体厚度的情况下通过卷边技术与材料曲率分布而增加其表面强度（图 4-30）；被称为现代巴洛克的 Mazda Furai 概念汽车的进气孔设计通过表面的卷绕和褶皱所形成的效果远远高于基于飞行动力学性能所能理解的（图 4-31）；沙漠里的爬行动物色彩斑斓的表皮，除了具有对付掠食者的伪装作用外，还可以将雨水沿着外壳裂隙流向它们的嘴里（图 4-32）；锤头鲨头部宽大的锤头是在不同环境下进行捕猎行动的美丽诱饵（图 4-33）。这些生物结构为非线性结构形态的走向更复杂化、更性能化的创新提供途径。

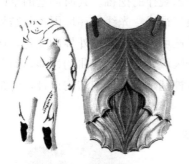

图 4-30　性能化装饰

图 4-31　Mazda Furai 概念汽车

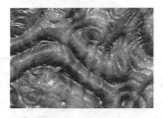

图 4-32　雨水收集

图 4-33　变异及装饰

　　相较于传统建筑工作室而言，涌现组致力于生物学、空间结构工程学以及数字计算等领域的研究，并可被看作一个为建筑师提供建筑学领域之外的重要技术与思想的实验平台。它朝向基于结构形式的生成和适应性的涌现行为发展。通过对 CATIA、Moderfrontier 及 ROBOT 等工具的使用，获得自下而上的解决办法。通过参数的、种群生成的和结构分析的软件，建构了一个类似自然选择的过程，来检验数字迭代在各种环境力量驱使下的结构和建筑形态的进化。早在 2004 年，Detlef Mertins 率先发起名为"生物结构主义"的建筑运动。在那时，Detlef Mertins 已经提出以开发智能材料为基点，以应用智能材料为目标而创造多边性建筑风格。在此基础上，涌现组深入探索了生物学结构与结构性形态之间的涌现关系。并结合人文艺术等审美体系将仿生结构更多地进行建筑化处理与应用。

蝠翼（Batwing）项目的目标是在知觉领域与建筑基础的循环之间建立一种联系，再通过几何和装饰的手段创造建筑与结构之间的统一关系。该结构是由褶皱和盔甲构成的合并结构，并具有流动性的结构形式与透明发光性的空间效果（图4-34）。其中，褶皱的作用是通过引导穿越结构表面的气流提高结构的坚固性，并将褶皱处理为空气扩散器，褶皱内部的毛细管网络可以用来冷却或加热其周围的空气，从而代替人工空调设备。再者，盔甲的作用是实现褶皱之间的结构连续性。这两个系统相互交叉作用，如同海洋深处的血冠水母。细菌生长繁衍在水母的冠上，当它们移动时会产生如万花筒般的照明机制，使得深水中的掠食者难以将它们发出的光与深海中反射出的太阳光相区分。虽然两个种类完全不同，但通过这种组合方式实现了水母和生物发光细菌群落共同组成的相互依存，进而形成了协同的共生体。另外，在2011年设计的挤压项目中，从聚合物与复合结构中寻找新的美学性能与结构性能。由具有复杂厚度、综合交错的材料分布代替均质曲面，并通过热塑性聚合物、塑料或橡胶等材料，在3D打印机中制造出来（图4-35）。其结构表面的空腔具有收集太阳能的功能等。

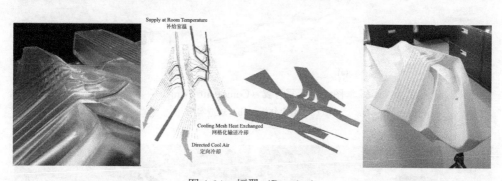

图4-34 蝠翼（Batwing）

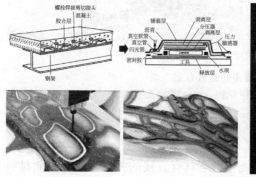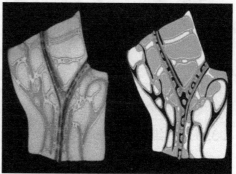

图4-35 挤压（Squished）

复合翼是罗兰德·斯怒克斯工作室（Studio Roland Snooks）在 2014 年完成的一个装置，该装置结合了算法设计和工业机器人建造，实现将错综复杂的脉网嵌入单薄的复合表面内[15]（图 4-36）。这个装置探讨了一种建筑原型，探索如何将表面、结构及装饰压缩为单一不能复归的形态。表面主要采用玻璃纤维材料，装饰/结构镶嵌物部分由机器人进行建造。工业机器人建造技术使得实现该项目复杂的图案及几何结构成为可能，包括微型表面接合的机制。根据表面接合的位置及形式探讨结构强度，将脉络作为嵌入表面内的结构柱，这种策略使得表面在保持仅数毫米厚度的同时，还能具有较大距离的跨度及悬臂。表面内错综复杂的图案通过多代理算法进行设计（多代理算法是一种基于集群智能的自组织逻辑）。生成方式则结合了结构、形式及装饰设计意图，试图得到一种无法预期的形式结果。这个项目试图脱离构造元件的分离式节点形式，而是以一种系统式的压缩方式表达。我们必须认识生物拟态在建筑学中真正的潜力（图 4-37）。

(a)　　　　　　　　　　　　　　　　　　(b)

图 4-36　复合翼（Composite Wing）

（a）结构分析；（b）建造实物

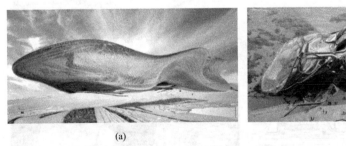

(a)　　　　　　　　　　　(b)

图 4-37　超现实的建筑方案

（a）中国国家艺术博物馆竞标方案；（b）韩国丽水展览馆

4.3.3　纤维仿生

在自然生物系统中，材料组织与性能化形态具有直接的关系，而高效能材料的演变对一个物种的整体性能而言至关重要。通过材料属性的局部改变，就可以极大地提升资源利用率，因此，以材料开发及应用为基础的仿生学特别具有潜力。自下而上的仿生学设计流程需要跨学科的设计协同，需要同生物学家以及相关自然科学家进行密切合作，由此才能研究、建立并最终抽象出自然结构和系统的生成法则。通过筛选仿生学的性能化法则，探索出生形差异化范围内可能的形态空间。在此类生物系统中，形式、材料与性能之间的潜在关系，对建筑师和结构工程师来说通常是违反直觉的。对材料属性的局部改变，是提升资源利用率的主要驱动力之一。而各向异性材料的差异化组织能够使材料最大限度地适应结构和功能的需求。随着时间推移，大部分生物进化而来的结构都包含纤维复合材料。

胶原纤维具备广泛的材料特性，即有可变的结缔组织，也可通过纤维方向的变化，在肌腱处形成定向的高强度抗拉筋。植物通常根据压力或张力荷载调整纤维素纤维的方向；节肢动物通过与甲壳素纤维的差异化组织形成一系列适应当地的壳体结构。在技术运用中，纤维增强复合材料（FRP）充分利用了各向异性材料卓越的结构性能优势。从 20 世纪 30 年代早期开始，人们就已将纤维增强复合材料在建筑和工程中进行实验测试。

德国斯图加特大学计算机设计学院（ICD）同结构建造和设计学院（ITKE）共同研发了一套纤维铺放的创新流程，并在此基础上进行了一系列的实验及实践活动。最初，在 2012 年 ICD/ITKE 研究展馆项目中，通过机器人复合材料加工的综合方法探索建筑与结构的可能性[16]。结构性的黑色碳纤维作用在透明玻璃纤维表面，在力的驱动下，生成了展馆独特的外壳。机器人空心纤维缠绕流程利用纤维计算成型的材料特性，满足了通常建造中对精密模具的需求（图 4-38）。建造中，纤维材料在彼此间的相互作用下生成了展馆的双曲面表皮。

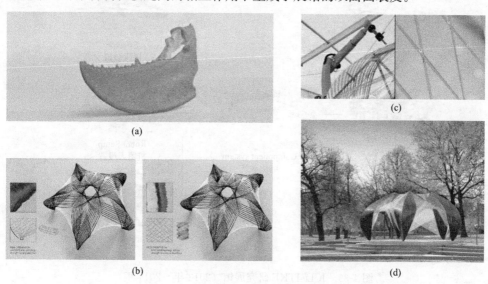

图 4-38 ICD/ITKE 研究展馆（2012 年）
（a）蟹钳原型；（b）不同受力部位的材料属性；（c）工业机器人建造方式；（d）外观

在 2013 年～2014 年 ICD/ITKE 研究展馆中，展馆的双层壳体证明了为此项目研发的机器人空心纤维缠绕流程的建构潜力。在每一个多变的壳体构件形态背后，是仿生原理、材料特性、建造可行性、结构性能和空间特质的整合。为了建造这种复合构件，团队研发出两台机器人协同进行空心纤维缠绕的创新流程。为了响应当地壳体结构特征，36 个构件在尺度、几何形式、纤维排布上大有差别，但仍可以凭借同一个机器人装置完成生产。在 2013 年～2014 年 ICD/ITKE 研究展馆项目（图 4-39）中，通过对空心纤维缠绕方法及生物纤维复合结构的研究，使得

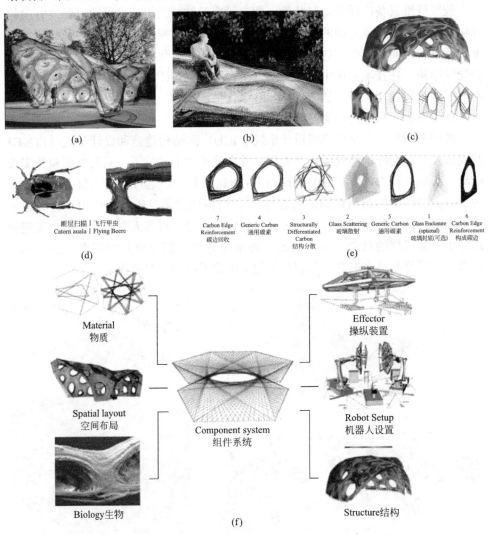

图 4-39　ICD/ITKE 研究展馆（2013 年～2014 年）

（a）外观；（b）表现结构的承载能力；（c）结构的受力分析；（d）运用微观计算机对飞行甲虫进行断层扫描；（e）一个结构单元中的纤维布局；（f）由多个过程参数集成的单体系统

由生物学家、古生物学家、建筑师和结构工程师组成的跨专业团队研发出了一个模块化轻量级纤维复合建筑系统，并通过对全尺寸原型的测试，证明该体系可用于建筑领域中[17]。对天然纤维复合结构的功能原理研究，证实了飞行甲虫物种的后部保护翼壳（翅鞘）为生物纤维复合结构中轻质结构的理想模型。不会飞的甲虫物种具有实心的复合壳体，这种外壳仅能容纳薄管液体传输（血液淋巴）和气体传输（呼吸系统）。不同于这些陆生物种，飞行甲虫不仅需要维持其壳体的结构性能以便保护自己，同时还得将飞行所需的能量压缩至最小以便更轻盈地飞行。这些看似矛盾的体质标准，在飞行甲虫翅鞘形态的进化过程中得到了协调，即将内部传输管道适应性变化为大空腔。基于扫描电子显微镜和微型计算机断层扫描技术对飞行甲虫的研究所得出的一系列抽象化形态及材料组织原则，团队研发出模块化纤维复合结构系统，并通过计算设计工具同时整合了工业机器人建造、材料特性及结构因素。

　　ICD 及 ITKE 团队最新设计的 2015 年 ICD/ITKE 研究展馆非常有趣，其灵感来源于生活在水泡中的水蜘蛛的建巢方式[18]（图 4-40）。阿希姆·门格斯教授及团队对水蜘蛛巢穴的结构分布进行了研究分析，抽离出蜘蛛编织的路径以及纤维材料分布的不均匀密度。进而，利用机器人编织高强度碳纤维以建造出纤维复合网壳结构，这个项目利用最少的材料实现了结构的稳定性。

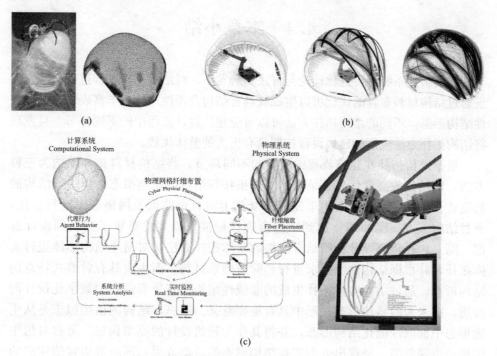

图 4-40　ICD/ITKE 研究展馆（2015 年）（一）

（a）对水蜘蛛建巢方式的模拟；（b）对工业机器人建造过程的模拟；（c）工业机器人建造分析

(d)

图 4-40 ICD/ITKE 研究展馆（2015 年）（二）

(d) 建成外观

从实验性的项目中可以看出未来的发展走势，即完善生产技术和新材料的研发与应用，提升施工对设计的完成度，实现构思-设计-施工全过程的无缝链接。工业机器人生产制造流程可以同时在设计过程中无缝集成，这可以极大地提升施工对设计的实现度，也可以更为准确地体现建筑师的设计思考。

4.4　本章小结

在复杂性系统遗传进化理论与方法的启发下，对结构优化过程进行研究，发现通过结构材料布置的优化可以生成既具有结构合理性又具有丰富表现力的非线性结构形态。不同的结构拓扑方法可以对应建筑设计流程中的不同环节，且发现将结构拓扑方法应用到建筑设计初期具有更大的整体优势。

根据结构拓扑在建筑流程中应用的不同环节，将结构材料拓扑归纳为三种方法，即结构的高度优化、结构的实体拓扑与结构的仿生拟态。第一，结构的高度优化可以在建筑形态构思完成的基础上对自由曲面及网格形态进行优化，通过结构节点高度的调整达到结构合理性标准，极大地尊重了建筑师设计意愿。第二，在建筑设计初期结合结构的实体拓扑方法，对简单结构形体进行实体拓扑，并根据结构性能要求进行删除或增添材料，而生成具有骨骼式特点的结构形态。通过结构实体拓扑生成的非线性结构形态带有强烈的数字化设计的特质，在未来的结构形态找形中具有重要意义。第三，结构的仿生拟态是从生物形态中抽取性能化结构形态，并将其作为建筑设计的原型构思。通过对仿生结构的梳理总结，呈现出人类工程结构形态的最新成果，同时展望智能建筑的前景。

4.5 参考文献

[1] 佐佐木睦朗. 自由曲面钢筋混凝土壳体结构设计 [J]. 余中奇，译. 时代建筑，2014 (5)：52-57.

[2] 崔昌禹，王有宝，姜宝石，崔国勇. 自由曲面单层网壳结构形态创构方法研究 [J]. 土木工程学报，2013 (4)：57-63.

[3] 崔昌禹，严慧. 自由曲面结构形态创构方法——高度调整法的建立与其在工程设计中的应用 [J]. 土木工程学报，2006 (12)：1-6.

[4] NISHIZAWA R. Plot Ryue Nishizawa [G]. Tokyo：GA，2014：78.

[5] BESSERUD K，KATZ N，BEGHINI A. Structural emergence：architectural and structural design collaboration at SOM [J]. Architectural design，2013 (2)：48-55.

[6] XIE Y M，STEVEN G P. A simple evolutionary procedure for structural optimization [J]. Computers &·Structures，1993 (5)：885-896.

[7] 谢亿民，左志豪，吕俊超. 利用双向渐进结构优化算法进行建筑设计 [J]. 时代建筑，2014 (5)：20-25.

[8] QUERIN O M，STEVEN G P，XIE Y M. Evolutionary structural optimization (ESO) using a bi-directional algorithm [J]. Engineering computations，1998，15 (8)：1034-1048.

[9] 崔昌禹，姜宝石，崔国勇. 结构形态创构方法的工程应用 [J]. 建筑钢结构进展，2011，13 (06)：9-18.

[10] 崔昌禹，严慧. 结构形态创构方法——改进进化论方法及其工程应用 [J]. 土木工程学报，2006 (10)：42-47.

[11] 姜宝石，崔昌禹，崔国勇. 多功能结构拓扑形态优化数值方法 [J]. 计算力学学报，2012 (12)：821-824.

[12] 方立新，周琦. 参数化时代的结构拓扑优化 [J]. 建筑与文化，2011 (8)：106-107.

[13] ADRIAENSSENS S，BLOCK P，VEENENDAAL D，WILLIAMS C. Shell structures for architecture：form finding and optimization [M]. New York：Routledge，2014.

[14] 蓝青. 结构生态学 [M]. 武汉：华中科技大学出版社，2009.

[15] 袁烽，阿希姆·门格斯，尼尔·里奇. 建筑机器人建造 [M]. 上海：同济大学出版社，2015：152-153.

[16] KNIPPERS J，MAGNA R L，MENGES A，et al. ICD/ITKE research pavilion 2012：coreless filament winding based on the morphological principles of an arthropod exoskeleton [J]. Architectural design，2015，85 (5)：48-53.

[17] DOERSTELMANN M，KNIPPERS J，MENGES A，et al. ICD/ITKE research pavilion 2013-14 [J]. Architectural design，2015，85 (5)：54-59.

[18] DOERSTELMANN M，KNIPPERS J，KOSLOWSKI V，et al. ICD/ITKE research pavilion 2014-15 [J]. Architectural design，2015，85 (5)：60-65.

4.6　图片来源

图 4-2、图 4-8、图 4-9：佐佐木睦朗．自由曲面钢筋混凝土壳体结构设计［J］．余中奇，译．时代建筑，2014（5）：52-57.

图 4-3、图 4-4、图 4-5：崔昌禹，王有宝，姜宝石，崔国勇．自由曲面单层网壳结构形态创构方法研究．土木工程学报，2013（4）：57-63.

图 4-6、图 4-7：崔昌禹，严慧．自由曲面结构形态创构方法——高度调整法的建立与其在工程设计中的应用．土木工程学报，2006（12）：1-6.

图 4-10：GA 编辑部．西泽立卫：建筑的过程［G］．GA 出版社，2014：78.

图 4-11：ADRIAENSSENS S，BLOCK P，VEENENDAAL D，WILLIAMS C. Shell structures for architecture：form finding and optimization［M］．London：Routledge，2014：200.

图 4-12、图 4-15、图 4-19：谢亿民，左志豪，吕俊超．利用双向渐进结构优化算法进行建筑设计［J］．时代建筑，2014（5）：20-25.

图 4-13：崔昌禹，姜宝石，崔国勇．结构形态创构方法的工程应用［J］．建筑钢结构进展，2011，13（06）：9-18.

图 4-14：电影《her》截图

图 4-16：崔昌禹，严慧．结构形态创构方法——改进进化论方法及其工程应用［J］．土木工程学报，2006（10）：42-47.

图 4-17：姜宝石，崔昌禹，崔国勇．多功能结构拓扑形态优化数值方法［J］．计算力学学报，2012（12）：821-824.

图 4-18：方立新，周琦．参数化时代的结构拓扑优化．建筑与文化，2011（8）：106-107.

图 4-20：ADRIAENSSENS S，BLOCK P，VEENENDAAL D，WILLIAMS C．Shell structures for architecture：form finding and optimization［M］．London：Routledge，2014.

图 4-21：KEITH B，NEIL K，ALLESSANDRO B. Structural emergence：architectural and structural design collaboration at SOM［J］．Architectural design，2013（2）：55.

图 4-22：ZHUANG B．The fifth China international equipment manufacturing exhibition［J］．Liaoning today，2006.

图 4-23、图 4-33：WISCOMBE T. 结构生态学［M］．蓝青，译．武汉：华中科技大学出版社，2009.

图 4-34、图 4-35：http：//www. tomwiscombe. com.

图 4-36：袁烽 等著．建筑机器人建造［M］．上海：同济大学出版社，2015：152-153.

图 4-37：http：//www. rolandsnooks. com.

图 4-38：KNIPPERS J，MAGNA R L，MENGES A，et al. ICD/ITKE research pavilion 2012：coreless filament winding based on the morphological principles of an arthropod exoskeleton［J］．Architectural design，2015，85（5）：48-53.

图 4-39：DOERSTELMANN M，KNIPPERS J，MENGES A，et al. ICD/ITKE research pavilion 2013-14 [J]. Architectural design，2015，85（5）：54-59.

图 4-40：DOERSTELMANN M，KNIPPERS J，KOSLOWSKI V，et al. ICD/ITKE research pavilion 2014-15 [J]. Architectural design，2015，85（5）：60-65.

第5章

基于适应维生的参数逆吊

从复杂性科学中的适应维生方法可知，建筑需要在适应环境中得以维持生存，与此同时，环境条件对建筑形态的塑造同样具有积极作用。长久以来，实现建筑与环境的和谐共存的关系是建筑师共同的追求。由于巨大的尺度，大跨建筑与环境生态的关系最为紧密，整个结构相当于一个空间界面，调节着内部空间与外部空间的风、光、热等。因此，如何建立环境与建筑形态的关联，如何挖掘环境对于建筑结构形态的塑形潜力，将具有非常重要的意义。

经典的物理找形法正是通过物理实验进行结构找形的方法，一方面，实验找形过程中模型是在现实重力作用下，其最终形态一定程度上与结构受力基本要求相当；另一方面，物理找形是在环境因素的设定之后完成的，因此，环境因素成为结构塑形的原动力。早期通过物理实验手段进行空间结构形态探索的方法，将空间结构研究推向了艺术与技术融合的高峰，因此，从物理找形法出发结合新的技术水平来探索非线性结构形态在适应维生中的创新可行性。

经典的物理生成方法包括逆吊找形法、气泡膜法、充气膜法、预应力索网法等，如图 5-1 所示，其中，"物理逆吊法"是最为重要的找形方法之一（图 5-1 中悬挂索网）[1]。首先，逆吊找形法不但具有悠久历史，而且应用范围极其广泛；其次，逆吊找形法与环境结合度非常高，需要在实验之前设置好形态的边界、材料的选择等等，其可控制性较高；最后，通过逆吊找形得到的结构形态，即是自由曲面的空间结构形态，与大跨建筑对结构要求空间体量的完美契合，众多经典大跨建筑作品是通过逆吊找形法完成的。因此，选取逆吊找形法展开关于结构形态与环境适应之间关系的研究，同时探索传统的物理实验找形与现代的计算机模拟技术的结合度。

通过前文的分析，环境物理性能可以通过分析模拟工具将信息传输到计算机平台之中，所以探索通过数字技术对物理找形进行重新演绎，可以突破传统物理实验的限制，进而使其具有更高的实用性与更便捷的使用感受。总体说来，我们希望激发环境对结构的塑造潜力，从而实现既满足结构受力合理要求又具有丰富表现力的大跨建筑非线性结构形态。

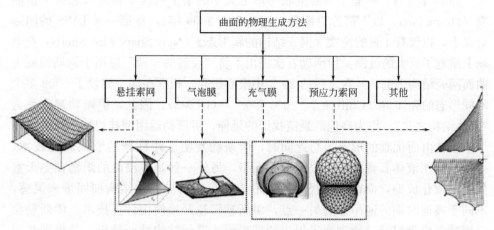

图 5-1　自由曲面结构的物理生成方法

5.1　逆吊找形法的原理提取

5.1.1　早期的物理逆吊法

逆吊找形法的本质是实现万有引力作用下的零弯矩结构。现代物理在自然界中仅发现了四种基本力，万有引力、电磁力、原子核中的强力和弱力。在这些力中，只有万有引力对静止稳定的建筑结构作用最为显著，因此，在建筑设计中首先考虑重力的作用。逆吊找形法正是利用柔性结构在特定荷载作用下形成纯受拉力形态的结构特点，从而获得在重力荷载作用下的纯受压结构，而从纯受拉结构到纯受压结构的转换是通过结构模型固化翻转实现的。经过物理验证，纯受压结构是在万有引力作用的零弯矩结构。

最早在 19 世纪 70 年代，那时还是学生的安东尼奥·高迪（以下简称高迪，1852 年～1926 年），利用链条和沙袋模拟砖石拱壳结构的受力平衡状态，以寻找理想的结构形式，并称其为"倒吊挂试验"的方法。1910 年初，高迪首次在古埃尔教堂的半地下层的正门门廊天井中初次采用了双曲抛物面的拱顶，其效果很好，之后被大量用于萨格拉达·伐米利亚大教堂（Sagolla Da Familiya Cathedral）的构思中。有一张非常经典的模型图片即是高迪在工作间的屋顶上按 1∶10 的比例做吊挂模型（图 5-2）。该模型利用吊线与铅袋（铅袋重量是拱实际承重的万分之一）所形成的悬线正好与结构应力线相吻合（斋藤公男，2003 年）[2]。

1959 年 9 月，毕业于苏黎世联邦理工大学的瑞士结构工程师海恩兹·伊斯勒（Heinz Isler，以下简称伊斯勒，1926 年～2009 年），在第一届 IASS 的国际会议上，以仅有 1 页的论文《网壳结构的新形态》（New Shapes for Shells）在会场上掀起了巨大的波澜。伊斯勒首次提出了将"反转的原理"应用于钢筋混凝土曲面网壳结构之上，并在之后的 20 年中潜心研究，相继在瑞士建设了 1000 多个不同形态的壳体群（Chilton J，2000 年）[3]（图 5-3）。因此，伊斯勒被人称为"壳体结构之父"。作为高迪的悬链找形的延伸，伊斯勒运用倒挂织物在重力作用下产生自由而优雅的形态。与此同时，伊斯勒发明了两种新的形式固化技术，一种是运用液体石膏或树脂浸泡织物成型，另外一种是将浸湿的织物在冬天室外凝结固化成型，而在这过程中织物形成的自然褶皱还为结构加固带来灵感。不同于高迪时期的逆吊法的另一点，伊斯勒已经开始使用计算技术。伊斯勒会运用数学模型对通过物理逆吊得出的理想形式进行结构性能分析，并根据必要的强度、刚度和抗屈曲能力进行加固措施。所以，伊斯勒的物理逆吊法已经进入物理与数字之间的交互领域。

图 5-2　圣家族大教堂展出的高迪倒吊挂复原模型

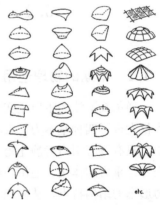

图 5-3　海恩兹·伊斯勒将"反转的原理"应用于 RC 壳曲面上

20 世纪 50 年代之后，以"自然的结构体"为理论精髓的德国建筑师奥托通过制作大量的物理模型对结构合理形态进行研究，如运用橡胶模或者皂膜试验寻找张拉膜结构以及索网结构的最小曲面，采用悬链或链网模型完成悬挂结构的找形工作，用弹簧和重物构成量测模型确定结构中所得张力等（图 5-4）。从无数次的试验中，奥托发现物理模型方法便于对边界条件进行修改以求最优解。奥托继承了高迪的悬链线找形方法，从而提出了反向悬挂结构。在德国曼海姆多功能厅（Multihalle in Mannheim，1975 年）的设计中，奥托求出在纯压力作用下的自然形态，形成网格间距为 50cm 的格构式大跨度空间网壳[4]（图 5-5）。

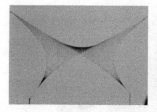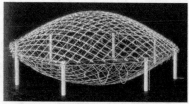

图 5-4　奥托的物理找形模型

物理逆吊法将环境因素与合理结构形态最大化地统一起来。在试验前期的准备中，可以对所期望得到的结构形态进行设想，并提供相应的环境条件与实验基础工作的设置，比如在逆吊找形的前期设计曲面模型的边界，以及曲面网格本身的面积范围，在这些基础条件设置好之后，开始逆吊才可以生成相应的自由结构形态。如果其中一个因素改变，所得到的结构形态都是不同的。这里充分反映了环境对于结构的塑造能力，我们需要做的是将这种自然找形的规则运用到接下来的设计之中。

物理逆吊法的找形规则是结构性能化与数字化结构生形技术的真正雏形。这种方法在空间结构发展史上影响深远，也是当前数字建筑及非线性结构形式创新之路的基石，为结构形态的数字化创新提供了理论及方法。

5.1.2　发展的数值逆吊法

20 世纪 80 年代以来，随着计算机技术和有限元分析技术的发展和应用，结构工程师开始对高迪的逆吊找形方法进行分析与验证。因而，所发展出的数值化计算技术的应用成为结构找形的新方法。这种新方法的优势不但表现其数值化计算的准确性，还表现其模拟的便捷性与可视性的特点，极大地提高了其实际应用效率。

1990 年前后，日本著名结构工程师半谷裕彦（1942 年～1998 年）教授以势能驻值原理为基础模拟不确定结构体系的平衡状态，并创新地将逆吊找形法进行数值化模拟[5]（图 5-6）。在势能驻值研究的基础上，半谷裕彦教授系统建立了"结构形态创构"理论，即运用结构数值化分析技术对不同工程要求、不同约束条件的建筑物进行结构找形的方法。结构形态创构方法为其后的结构性能化模拟奠定了坚实的理论基础。

随着有限元分析理论的不断成熟，数字化模拟结构计算技术得到了飞速的发展。其中，Vizotto I.（2010 年）等学者对壳体结构的物理找形进行了数值模拟过程，并对其进行了大量优化工作，得到了十分准确而丰富的模拟效果[6]。其后，克里斯汀·托恩（Christian Tonn）等学者共同研发了一款被称为"DOMEdesign"的结构找形软件，这款软件以有限元分析理论中的动力松弛法

图 5-5　德国曼海姆多功能厅（Multihalle in Mannheim，1975 年）

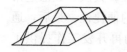

图 5-6　最早的数值逆吊法实例

为基本原理，实现了将索网结构进行悬挂的过程，并真正实现了物理找形的可视化模拟。相较于前者十分复杂的结构计算过程，这款软件更易于非结构专业的建筑师进行应用。但由于技术的限制，这款软件可以计算的曲面结构形态还是受到欧氏几何限制，自由度有限。

2012 年，哈尔滨工业大学武岳教授等学者基于大型通用有限元分析软件 ANSYS 的平台，研究索膜结构在特定条件下的找形问题，以及对已有形状进行"模型固化"，施加反向荷载进行后续分析等[7~9]，进而通过一系列的调控思路为设计提供多样且优质的初始形态[10]。该模拟提出了影响结构形态的五个基本要素，依次为建筑材料、几何尺寸、质量分布、约束条件、荷载作用（图 5-7）。通过这五个基本要素，结构形态与建筑设计条件建立起直接的联动关系。

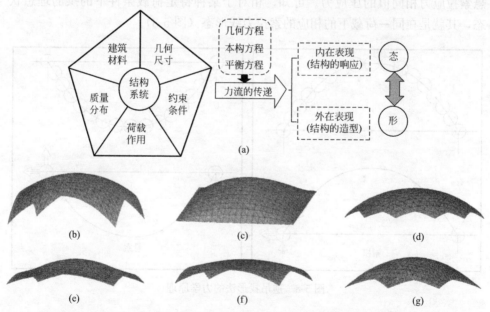

图 5-7　利用 Ansys 平台进行逆吊找形模拟

（a）影响结构形态的五个基本要素；（b）原模型；（c）改变约束条件；（d）改变几何形状；（e）改变质量分布；（f）改变荷载分布；（g）改变材料性质

相较于物理逆吊法，数值逆吊法由于其便捷性与可视化，具有更加广泛的应用价值。首先，这种方法克服了实验相似律和测试精度等条件的限制，可以有效模拟概念上可行、实际过程却十分复杂或不易实现的物理过程。其次，数值逆吊法实现了物理过程的数值化与可视化，极大地提高了其应用的便捷性。最后，通过结构工程师对于逆吊找形法的计算机模拟实验，为后面的再开发工作提供了思路。

5.1.3 参数逆吊法的提出

继承了经典物理逆吊法的思想，运用数字化设计平台，提出基于环境适应性的非线性结构参数逆吊找形方法。参数逆吊法在操作上具有便捷性、高效性与直观性，对于建筑师在设计之初进行方案的分析与探索将具有重要的实用价值与应用意义。

（1）零弯矩的力学原理

先建立结构找形的力学逻辑。从力学原理来看，逆吊找形的力学本质是实现零弯矩的纯受压结构，即通过简单的法向应力（压力）改变外力的方向。悬索（suspension cable）向上翻转则形成索拱（funicular arch）。悬索只能产生拉应力，在其本身自重的作用下，呈现悬链线（catenary）的形状；索拱只产生与原悬索拉应力相同值的压应力。可知，相对于某种特定荷载条件下的拱的理想状态，其就是在同一荷载下的相应的索拉力线形态（图 5-8）。

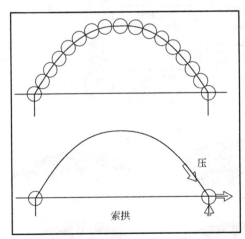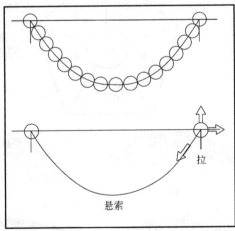

图 5-8　逆吊找形法的力学原理

因此，逆吊找形法的力学找形规则将是整个模型的计算核心，在参数平台上建立以重力为主要作用的参数化壳体结构模型。

（2）环境适应的设计思想

参数逆吊法的设计思想正是将结构效率、自由结构形态与空间环境因素三者的整合设计方法。逆吊找形法并非仅仅是创造新的结构形式，更重要的是其关注环境因素与材料性质。罗伯特·马亚尔（Robert Maillart，1872 年～1940 年）认为创造新的形式并非难事，而真正的困难是从根本上结合材料特质与物质生命而创作出的形式。逆吊找形法正是找寻结构形态、材料、环境完美结合的最佳途径。

因此，在参数化设计中建立相关环境因素与结构力学生形的联动参数体系。其中，徐卫国教授对参数化设计阐释颇具启发性，他认为参数化设计实现了以动态的观点看待人、建筑与环境之间的活动关系，从物质上实现了建筑、环境（自然与人文）及使用者三位一体的整体化设计。相应的，我们通过开展各种环境分析或具体场地分析，将环境因素转换为数字语言，再将其转化为动态设计中的参变量，即可直观地寻找所需的非线性结构形态。假设参数逆吊法模型建立起来，建筑师只需要根据特定的地形条件、建筑基本设计要求、输入参数，即可计算出结果，生成所需要的完美自由结构形态。

5.2　参数逆吊法实验建构

5.2.1　平台选择

在模型的设计当中，笔者选用了一款由丹尼尔·派克（Daniel Piker）及团队为 Rhino 及 Grasshopper 平台制作的物理力学模拟插件 Kangaroo，其可模拟物体的交互仿真、结构优化及找形的物理引擎（图 5-9）。Kangaroo 的核心是模拟粒子系统（Partical System），粒子具有质量、位置及速度，能够对各种力做出反应。通过对粒子加载不同方向的荷载、设置点与点之间的引力或斥力、设定固定点等方式，模拟真实世界中的材料及物体的力学表现。虽然专业的结构力学计算软件如 Ansys、Matlab 等具有精确性及专业性，但计算时间长，对使用者的结构计算知识要求高，更适用于结构力学分析及结构优化计算；而 Kangaroo 具有快速的可控性、反馈性及可视性，对于方案初期的建筑形态构思有重大的意义，

图 5-9　常用的参数化设计平台及组件

抓住最本质的技术，可确保方案在结构合理的基础上进行发展。

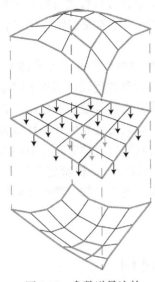

图 5-10 参数逆吊法的
模型建构过程

5.2.2 模型原理建构

在所选取的参数平台之上，将上文所分析得出的结构逆吊找形原理及规则运用参数化语言建构出来。在 Kangaroo 插件中，通过对物体加载不同方向的荷载、设置点与点之间的引力或斥力、设定固定点等方式，即可进行真实世界的力学模拟。对于非线性结构形态的模拟，即从建筑平面状态开始，首先设置平面所处的边界状态以及曲面的基础网格，进而通过对平面中的网格点加设荷载、设置材料属性（密度、弹性模量等）、布置固定点后，进行仿真模拟，平面中网格点的坐标在荷载作用下发生改变，经过平衡迭代后，得到相应的形状。

图 5-10 即为在 Rhino、Grasshopper 平台应用 Kangaroo 插件进行非线性结构形态找形的基本步骤，用语言表达出来分别为：

（1）初始导入自定义的自由曲面边界线（外部边界、内部孔洞），并封闭成曲面；

（2）将曲面网格化（网格布置），所得出网格上的每一个节点都相当于系统中的粒子，是仿真模拟的对象；

（3）将一部分粒子（网格点）设置为锚点，即为自由曲面的锚固方式，不同的锚固方式将生成完全不同的曲面形态；

（4）对除锚点外的各个粒子（网格点）施加竖向力（结构自身重力及荷载），设置粒子间的引力与斥力（材料的属性，如弹性模量等），这里暂不考虑水平风荷载的作用；

（5）考虑结构表皮图案，输入网格单元的纹样，可以更为丰富曲面形态；

（6）一切就绪之后就可进行仿真模拟，各粒子的坐标在竖向及水平方向发生改变，经过无数次迭代后得出平衡稳定的自由曲面形态（图 5-11）。

5.2.3 BSGLM 模型及参数

通过上文对参数逆吊法的模型建构得出，控制逆吊结构形态的因素包括边界条件（border）、网格布置（grid）、支承方式（support）、荷载条件（load）及材料属性（material）五个变量，因此，称参数逆吊法模型为 BSGLM 模型（图 5-12）。其中，边界条件、支承方式和网格布置三个参变量是可以依据建筑所处

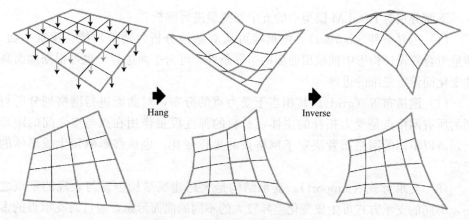

Hang   Inverse

图 5-11　参数逆吊法的模拟图解

的基地环境、建筑设计要求以及建筑师的主观构思进行调节的，因此，这三个参变量对结构形态影响更为重要。然而，荷载条件和材料属性往往由结构材料属性决定，对于大跨建筑空间结构常用的材料而言，一般会设计钢材、木材或钢筋混凝土的材料参数，从而生成相应的结构形态，反过来，在对结构形态有特殊要求时，可以逆向思维推算寻找相适应的结构材料。由于这两种参变量与结构材料的设定关系紧密，对结构形态的多边形影响较弱，因此，在结构形态生成调控过程中，更多地关注前三个环境因素。

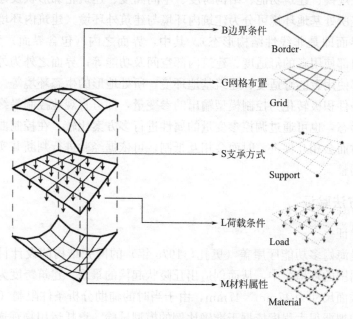

B边界条件　Border

G网格布置　Grid

S支承方式　Support

L荷载条件　Load

M材料属性　Material

图 5-12　BGSLM 模型及参数分析图

下面分别对 BSGLM 模型中的五个参变量进行解析：

（1）边界条件（border）。建筑师可从对基地分析、建筑功能、建筑平面、体量组合等设计构思中抽象出曲面的边界条件，可为平面边界，也可根据地面高差变化而设定三维的边界。

（2）网格布置（grid）。其相当于受力点的分布，对曲面进行网格划分所得到的所有网格点是受力拓扑的主体，材料的弹性模量作用在点与点之间的距离上，所以不同的网格布置决定了网格点的坐标变化，也最终影响到生成形体的形态。

（3）支承方式（support）。支承结构是大跨建筑结构创新与表现的重点之一，不同的支承方式可生成变化差异较大的不同的曲面形态，通过对支承点的多种布置为方案设计提供多种选择。

（4）荷载条件（load）。大跨建筑主要承担结构材料、设备荷载等恒荷载，外部环境带来的风、雨、雪、地震等活荷载，在方案初期阶段可以以恒荷载为主推敲建筑形态，而在特殊如多风地区，可以输入风荷载得到具有适应性的建筑形态。

（5）材料属性（material）。如弹性模量、泊松比等，对于不同的结构材料可通过输入相应的参数对曲面形态进行控制。

从建筑设计思维来讲，影响非线性结构形态找形的建筑条件较多，包括地块环境、建筑规模、建筑功能、结构跨度、空间高度、建筑轮廓形状及建筑形体组合等。建筑所处基地环境可分为建筑内环境与建筑外环境（建筑内环境与建筑外环境的分界面即是非线性结构形态）。其中，界面之内（包含界面）为内环境，内含建筑内部使用者的舒适度、建筑内部空间及功能等；界面之外为外环境，包括建筑外部使用者的舒适度、建筑基地环境、所处地形的生态环境等。将环境因素与建筑条件积极转化为控制模型输出的参变量，即可直观地控制最终生成的非线性结构形态，也可通过调控参变量的属性进行多方案比较。在控制曲面形态的调控中，时而会相互促进，时而会相互抵制，可依据经验进行判断并实时地对参变量进行调整。

5.2.4 方法验证

（1）验证一

德国曼海姆多功能厅屋盖（奥托，1975 年）的网壳结构的设计目标是将建筑延伸到周围的环境之中，从而创造出丘陵状起伏的景观。建筑跨度为 60m，全部木构件截面尺寸为 47mm×47mm，由于当时的辅助分析条件限制（1974 年），结构性能的把握很大程度依据于准确比例的模型试验。奥托运用物理逆吊法将水平网格进行倒挂以寻求具有完全受拉结构形态，通过调整悬挂模型的边缘支撑及改变悬链的长度最终得到理想的曲面形状，如图5-13（a）所示。图5-13（b）是笔者提取其中的网格布置及支承方式，将其作为参数，运用参数逆吊法生成与其原作品相似度极高的自由曲面形体。

(a)　　　　　　　　　　　　　　　(b)

图 5-13　曼海姆多功能厅结构参数化生形模拟

（a）奥托通过逆吊找形法设计曼海姆多功能厅屋盖；（b）参数化模拟曼海姆多功能厅屋盖

（2）验证二

杭州奥体中心体育游泳馆是由胡越工作室设计完成的一座以体育功能为主的综合体。其总建筑面积近40万 m^2，集合了体育馆、游泳馆、商业设施和停车设施等多种功能。建筑下部是一个形式低调的大平台，平台上部放置了一个形态生动的巨大的非线性曲面（图5-14a），把体育馆、游泳馆两个最主要的功能空间覆盖其中。在原方案中，这一非线性曲面的基础形态是由 Rhino 按照图形思维生成，是通过长短轴连续变化的一系列剖面椭圆连缀放样而成，分格体系呈菱形网格状分布，形成巨大的网壳体[11,12]。之后借助参数化手段，完成了结构、表皮、节点等细部设计直至施工图设计结束。然而，将该方案的边界条件、网格布置及支承方式抽象成参数进行参数化找形生成的曲面形态（图5-14b），与原方案相似而不相同，但却在结构力学传力方面具有更为合理的形态。

(a)　　　　　　　　　　　　　　　(b)

图 5-14　杭州奥体中心体育游泳馆屋盖结构模拟

（a）设计方案效果图；（b）参数化模拟屋盖形态

（3）方法评价

自由曲面结构的参数化找形方法具有以下优势：一方面，在操作上具有便捷性、高效性与直观性，适于建筑师在推敲建筑初期方案之用；另一方面，参数化平台具有强大兼容性，其数据文件可纵向连接于结构优化、建筑信息模型等各个设计环节。与经典的物理创建曲面方法相较，参数化找形方法更加便捷、节省资源，也可以适应于现实无法实现的复杂状况，在数字化高速发展的今天，参数逆吊法可以在一定程度上替代物理逆吊法；与数值逆吊法相较，由于软件功能及参数设定的限制，其最终生成形态不够精准，不能与结构专业力学分析软件相媲美，其得到的形态需要后续的结构优化作为技术支持。

同任何一种技术相同的是参数化设计方法也是一把双刃剑，如何正确地发挥其巨大潜力是值得我们去思考的。参数化是一个开放的平台，可以将量化、程序化的多学科知识关联成系统，其介入极大地促进了建筑设计这个以建筑师主观性为主导学科的科学化发展。在大跨建筑结构形态设计中，参数化还可以进行张拉膜结构、充气结构、网壳结构、网架结构等结构找形；也可通过进一步的编程，与生物学、仿生学、信息学等相关学科关联，以创造出更为丰富合理的设计。

5.3 环境适应性调控

环境适应性调控即为根据对建筑所处的空间环境、物理环境及审美环境控制参变量从而生成具有环境适应性的非线性结构形态。因此，分别从基于空间制约的形态调控、基于物理舒适的形态调控及基于审美需求的形态调控三个维度进行研究。

5.3.1 基于空间制约的形态调控

1. 适应基地条件与空间组合

在自由曲面结构的逆吊找形过程中，建筑边界参数是对结构形态影响最为紧密的参数之一，也是参数化建模的最首要的参数（图 5-15）。

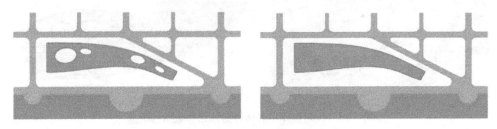

图 5-15 根据地形调控边界

关于建筑边界参数的提取问题，建筑师可以通过对基地分析、建筑功能、建筑平面、体量组合等设计条件的分析，进而抽离出相应的曲面边界形态，再根据各条曲线的相互叠加，选取最为合适的曲面形态，将其作为结构逆吊找形的边界参数。由于该参数与环境的紧密联系，因此，根据不同的基地条件，可以得出多种多样的边界条件，而在结构输出过程中，就可以得到与基地环境相适应的丰富多样的结构形态（图 5-16）。

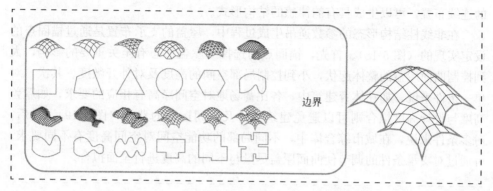

图 5-16　BGSLM 模型的参数调节——边界条件

　　在数字化模拟中，结构形态的边界既可是二维平面内的平面边界，也可根据地面高差变化而设定三维的边界。一方面，对于内环境（建筑空间功能）的适应，大跨度建筑主要以体育建筑、交通建筑或博览建筑为主，不同的建筑功能对建筑的边界有不同的要求，即便有相同功能却也存在不同规模之分。另一方面，对于不同基地环境也会对建筑边界做相应的处理，例如，在限制型基地常常将建筑设计得紧凑，在舞台型基地上可以强调建筑风格，在消隐型基地中注重建筑与基地的融合协调。从建筑师对地形进行分析后得出的建筑草图中抽象出建筑边界线。若建筑中布置庭院，也将庭院与建筑的边界线抽象出来。如有地形高差变化，可抽离出三维的与地形拟合的建筑边界线（图 5-17）。

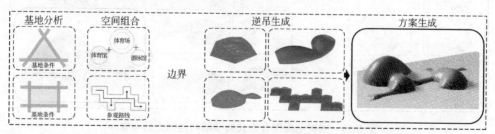

图 5-17　根据基地分析与建筑空间组合调节结构边界

2. 适应空间围合

　　在大跨建筑的建筑表现方面，支承结构占据非常重要的地位。大跨建筑结构主要分为三个部分，分别为屋盖结构、支承结构与基础，其中，支承结构即是连接基础与屋盖结构的关联性结构部位，同时，支承结构是与人们的水平视线直接相互作用的最具表现力的结构部位。因此，支承结构的表现方式对于建筑表现来说具有重要意义。

在参数逆吊法中，曲面结构的支承方式大致可以分为两种，即点支承方式与边界支承方式。两点之间可以形成拱形结构边界形式，而一系列的点式支承方式的连续布置，可以生成具有韵律感的结构形式。

在非线性结构形态的参数逆吊生成过程中，屋盖的支承布置是通过锚固点的设定实现的（图5-18）。首先，锚固点的选择对屋盖形态有至关重要的影响，大到控制曲面屋盖的整体起伏，小到控制局部空间的高度及对外开敞度。其次，对单一条件来说，如在体育建筑中，各比赛场地对空间净高有相应的要求，如屋盖高度与设计高度拟合则可以避免建筑造价及空间运营的费用（图5-19）。最后，对多条件来说，在城市综合体中，不同局部的功能空间对空间高度有不同要求，可通过对支承条件的调节使曲面屋盖尽量与不同的高度进行全面拟合。

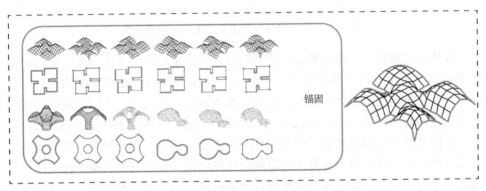

图 5-18　BGSLM 模型的参数调节——支承方式

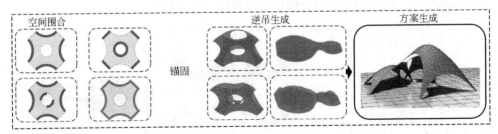

图 5-19　根据空间围合方式调节结构锚固点的布置

3. 适应空间高度

在参数逆吊的 BGSLM 模型中，其中有两个参变量是与结构形态理想高度直接相关的，即荷载条件与材料属性。首先，在实验过程中可以发现，对结构施加不同的荷载可以得到不同的结构高度，从图 5-22 中即可发现。其次，不同材料具有不同的抗拉强度以及伸缩稳定程度（图5-20）。如在相同荷载条件下，设置不同的材料伸缩属性，同样可以得出不同高度的结构形态。最后，可以得出荷载条件及材料属性与结构理想高度直接相关的结论。另外，较为直观的一个影响空间高度的因素为结构水平跨度[13]（图 5-21），也是较为常识性的内容。

图 5-20　结构材料属性直接影响结构空间高度

（a）竹结构——汉诺威世界博览会日本馆（Japan Pavilion in Hannover World Expo，2000 年）；

（b）木结构——在埃森的德国建筑展览会（German architecture exhibition，Essen，1962 年）

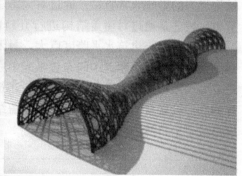

图 5-21　结构水平跨度对结构空间高度的影响

因此，我们根据设计预期的结构空间高度，对其进行结构材料的选取以及对预应力施加的设置。

5.3.2　基于物理舒适的形态调控

非线性结构形态是一个具有生命力的与环境之间形成互动关系的建筑结构。其开放性与互动性的实现是通过结构形态布置与结构网格布置，以及结构、表皮与设备之间的协同关系共同实现的。下面，分别从结构形态设置与结构网格渐变布置方式讨论结构与物理环境之间的调节关系，并通过人类对巨型空间的向往展

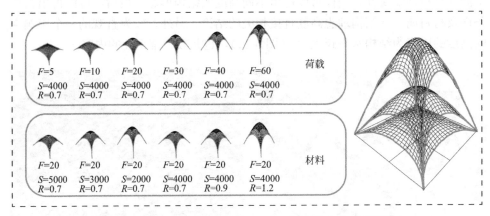

图 5-22   BGSLM 模型的参数调节——荷载条件与材料属性

望对超级非线性结构形态的设想。

1. 适应物理环境的结构形态设置

非线性结构形态是与环境有密切关系的，并通过环境的影响促进结构形态的生成。除了基地对结构形态几何形式的影响之外，建筑内部使用者舒适度也对结构形态产生一定程度的制约与促进作用。特别是光线的引入与自然风的引导对于结构形态的影响非常直接。通过对大跨建筑实例的研究可知，在自然光引入的环节中，往往是通过对屋盖结构进行开口的形式，从屋盖引入自然光（图 5-23）。一方面由于大跨建筑水平跨度巨大，封闭的屋盖结构对室内的光环境带来极为不利的条件，如若在屋盖中间布置采光中庭或采光口可以极大地改善这个问题。另一方面，从自然风引导的方面来看，建筑常常采用烟囱式的通风方式，从建筑边界的底部设置自然风的入口，而在屋盖结构最高处设置自然风的排出口，这样可以形成一个自然风循环的通路。

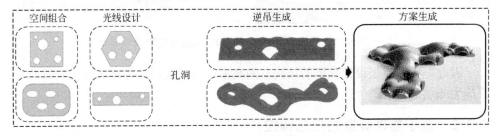

图 5-23   根据空间组合方式与光线设计调节结构内部孔洞边界

屋盖结构的网格布置是决定屋盖结构形态最为重要的环节，可以融合建筑师主观意向与客观分析两种设计原则。从主观审美原则出发，建筑师可以按照对方案的理解而将屋盖网格布置成笛卡尔网格、不规则网格或 voronoi 网格（生物细胞）等。

2. 适应物理环境的结构网格布置

除结构整体形态对建筑内环境有一定的影响之外，建筑表皮的布置也同样非常重要。对于非线性结构形态来说，结构具有真实性，进而，结构与表皮是真实的构造关系，并非两个完全不相关的系统。表皮的设置是在结构单元之上进行布置的。

通过数字化环境模拟，可以对建筑与结构系统进行环境分析，进而生成具有 RGB 数据信息的图形，提取伪色分析图的 RGB 信息。RGB 在 0~255 区间内的取值对应着相应的环境性能数据，在对建筑进行网格化处理后，我们便可以将环境性能参数投射到模型表面并通过定义性能准则与建筑形式之间的关系生成建筑形态。性能与形式之间的关系是多向的，某一形式可能导致通风、采光等多个性能参数的变化。例如，建筑表皮开洞的大小涉及通风、采光、视线、噪声等多个环境性能要素；而针对日照辐射这一环境要素，建筑遮阳构件的长短、进退、疏密、倾斜角度、旋转角度等多个几何参数都能产生一定的影响。

伍兹·贝格（Woods Bagot）建筑事务所设计的澳大利亚健康与医疗研究中心（SAHMRI）运用参数化工具综合考虑了建筑表皮的环境、功能与形式需求（图 5-24）。不同开口率的表皮单元分布取决于立面的日照分析伪色图和网格化的单元数据，使东侧公共空间最大限度地接受光照，西侧封闭实验室空间免于强烈的西晒，极大地改善了采光条件，塑造了舒适健康的室内环境。在 BIG 建筑事务所（Bjarke Ingels Group）设计的阿斯塔纳国家图书馆（National Library in Astana）中，太阳辐射在非线性的建筑表皮上反映不同的辐射接收情况，设计者在充分利用数据信息的差异性的同时，将建筑表皮的形态处理转换为同性能数据相关联的渐变形态语汇[14]（图 5-25）。在设计过程中，日照辐射的大小直接与表皮开窗大小的尺度相关联，根据辐射的强弱数据对应在表皮上开启的大小不等的孔洞。

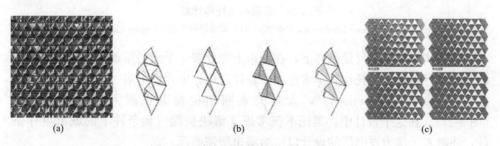

(a)　　　　　　　　　　(b)　　　　　　　　　　(c)

图 5-24　澳大利亚健康与医疗研究中心

（South Australian Health and Medical Research Institute）

（a）建成实景；（b）遮阳表皮单元构件形式；（c）模拟图解

图 5-25　阿斯塔纳国家图书馆（Steiner National Library）的
表皮从日照辐射图解向开窗大小的转变

3. 适应物理环境的人工巨型空间

城市超大空间屋盖结构设计的概念不断地在奥托、富勒等人的作品中出现。富勒与束基·萨达奥（Shoji Sadao）运用"设计科学"原则提出很多关于技术乐观主义的巨型结构项目，在 1960 年提出使用张拉整体原理在曼哈顿上空圆顶结晶成完整结构图像的"曼哈顿穹顶计划"。同样在纽约艺术博物馆展出的"浮云结构"，直径超过 1km 的张拉整体像气球一样被内部的空气悬挂在天空中（图 5-26）。

(a)　　　　　　　　　　　　　　　　　(b)

图 5-26　富勒的乌托邦计划
(a) 曼哈顿穹顶计划（Dome over Manhattan，1960 年）；(b) 漂浮结构计划（Floating Cloud Structures，1960 年）

奥托认为在极端气候条件下，在城市上方放置一个大型屋盖是解决气候问题的一种可行策略。奥托在其学术论文《悬挂屋顶》中介绍了第一个设计"南极洲之城（City in Antarctica）"，大量的索网结构覆盖在露天金属矿山之上（图 5-27）。在这个设计中，奥托不仅考虑了解决极端气候条件下的城市生存条件，还融入了风力发电厂的设计以供给城市所需能源。

在这种气候调节作用的巨型壳结构中有两个著名的工程，一个是"南极洲之城"，用于极冷地区的气候调节（图 5-27）；另一个是"沙漠绿荫"，用于沙漠地区的气候调节（图 5-28）。

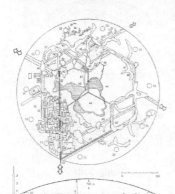
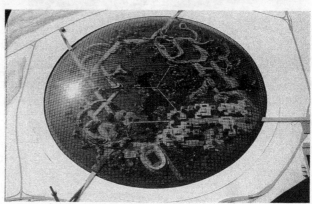

图 5-27　南极洲之城计划（City in Antarctica，1971 年）

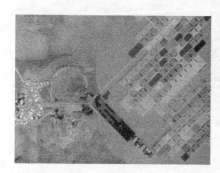

图 5-28　沙漠绿荫（Shade in the Desert，1972 年）

　　从 2000 年起，法比奥·格拉马齐奥（Fabio Gramazio）和马蒂亚斯·科勒（Matthias Kohler）一直致力于机器人工程实验，继 2008 年威尼斯双年展展亭和 2012 年使用无人机所搭建的聚苯乙烯砖墙之后，BIG 决定在谷歌新总部大厦的建造中加入机器人的参与。谷歌公司的构想是希望建筑能像 APP 一样，可以根据使用者的需求即时更新、改变，实现真正可以适应环境需求的动建筑。他们预计使用的 Crabots 是起重机和机器人的结合，将在谷歌新总部大厦的巨大透明顶棚下自由移动。这些机器人将被设定用来提起和移动预制构件，并用可移动的轻型结构代替固定建筑。凯-乌韦·伯格曼称采用数控加工能够产生不同可能性的工作场所设计，这种设计方式可以适应不同的条件，实现非标准化的工作空间。巨大的半透明顶棚将覆盖整个新总部建筑，这个巨大而透明的空间界面具有调节天气、污染、声音和光线的功能（图 5-29）。不过，托马斯·赫斯维克（Thomas Heatherwick）喜欢将谷歌新总部的穹顶简单地形容为"玻璃纤维滴到了帐篷杆上"，或者打趣地说，"从天而降的蜘蛛网戳到了树上"。

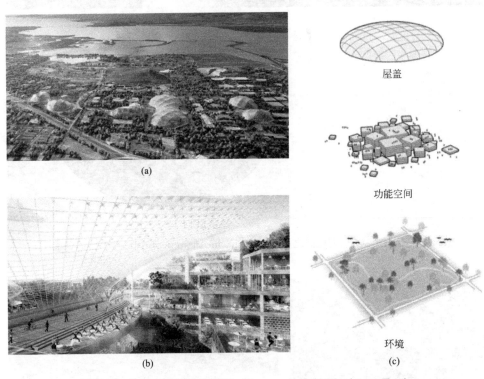

图 5-29　美国山景城谷歌园区（Campus Google Charleston East）
（a）鸟瞰效果图；（b）透明帐篷与内部空间的关系；（c）屋盖、功能空间和环境的关系

5.3.3　基于美学需求的形态调控

人们对大跨建筑的审美视角大致分为三种。第一种视角为宏观的鸟瞰，是通过从高空俯视的视角对整个建筑形态进行欣赏，而大跨建筑往往给人们留下具有张力感、动态感等结构表现力。第二种视角是水平视线，是通过人们从远处走进

建筑附近时对建筑立面的近距离的视觉感受，这时结构肌理与表皮材料构造对人们视觉产生直接的作用。第三种视角是在建筑内部的空间感受，是由人们进入建筑内部对结构的仰望所产生的视觉感受，结构内部构造与内部装饰性构造直接作用于视觉感受。因此，对于非线性结构形态来说，除结构整体形态之外，对于视觉感受最重要的为结构网格肌理与结构网格单元的表皮布置。

1. 适应结构美学性能的网格布置

非线性形态的网格肌理对结构审美表现具有重要作用。从参数逆吊法出发，可以在平面状态时通过对结构网格的布置调控结构生成形态（图 5-30）。参数逆吊法的优势在于，无论平面网格布置多么复杂，其在受到荷载作用后所生成的形态都是在力学上合理并且是较为优化的，因此，可以极大地发挥出结构网格对于丰富结构形态的作用。目前，Rhino 及 Grasshopper 平台中对网格 mesh 进行编辑的工具较为丰富，可以产生出千变万化的结构网格肌理。

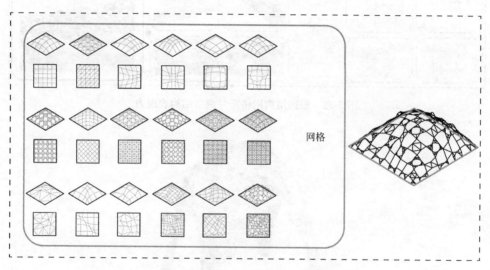

网格

图 5-30　BGSLM 模型的参数调节——网格布置（grid）

在非线性结构形态的生成过程中，结构的网格布置成为决定屋盖结构形态最为重要的环节之一，可以在结构网格布置过程中融合客观环境要求与建筑师主观意向两种设计原则。第一，从客观原则出发，通过结构网格的调节可以与环境调控形成更加合理的响应。如利用网格的吸引子原则，将屋盖结构的布置与建筑的物理性能相结合，如从力学上讲空间网架结构的杆件分布从底部到屋盖顶端应愈渐疏松为合理，又如体育建筑屋盖常在比赛场地上方布置自然采光而在周边座席区上方布置实体屋盖（图 5-31）。第二，从建筑师主观审美原则出发，建筑师可以将地域文化符号、时代文化特征与个人建筑风格通过屋盖网格的形式传达出来（图 5-32），例如笛卡尔网格、不规则网格或自然有机的泰森多边形网格等。

图 5-33 即是从泰森多边形（voronoi）网格出发而生成的结构模型，具有非常丰富的建筑表现力。

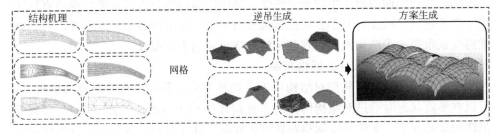

图 5-31　根据结构网格肌理调节结构表现力

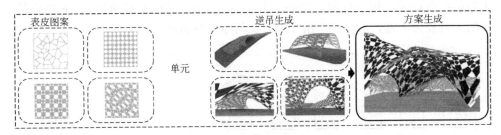

图 5-32　根据结构网格符号调节结构表现力

图 5-33　基于泰森多边形网格生成的结构模型

2. 适应结构智能性能的动态网格

通过参数逆吊法生成的自由曲面网格结构为建筑动态设计提供了网格装置的肌理载体。网格单元相当于每一个空间结构网格单元的表皮，相当于人体组织中的每一个细胞。网格单元的设置对结构形态无直接的影响，但却可调节建筑形象与物理性能：（1）在建筑形象层面，网格单元的表皮图案可根据建筑师主观意向及审美原则进行设置，也可以通过表面材料的透光性而建构虚实关系；（2）在物理性能层面，每一块网格单元都是建筑与外环境交互界面的细胞，是建筑内部环境中热、风、光、声等方面的相互作用的载体，可通过调节其性能而控制建筑内部环境舒适度，对生态建筑、绿色建筑的发展具有重要的影响。

受益于参数化平台的开发，虚拟世界的互动感在真实建筑中可以成真。2010年，LIFT 建筑事务所（LIFT Architects）的安德鲁·佩恩（Andrew Payne）与未来城实验室（Future Cities Lab）的詹森·凯利·约翰逊（Jason Kelly Johnson）共同发布了 Firefly，作为 Grasshopper 平台的一款插件，试图加强设计过程与环境之间的互动，致力于弥合 Grasshopper、Arduino 微控制器和互联网之间的界限。其中，核心的交互原型环境（interactive prototyping environments，IPEs）可以将一般的环境刺激（如风、光、温度、运动）连接到传感器，并通过互联网传输与反馈，从远程传感器和其他地方读取/写入数据，允许数据在数字世界和物理世界之间接近实时地流动。环境互动原型真正实现了人们的行为与建筑形态的关联，在与人类行为的互动中实现建筑的动态活动。将动态设置效果纳入结构形态的生成因素中，为非线性结构形态提供了全新的动态思维途径。

2009 年，安德鲁·佩恩设计的"空气花朵［Air Flow（er）］"可变原型装置是一个热感立面系统，设计原理源于自然界中随温度升高而自然张开的"花瓣"。材料将经过校准的记忆合金作为传感器、处理系统和执行器，响应环境温度变化。随着感应装置接收到的温度变化，各网格单元上呈放射状分布的四个三角形片板，逐渐调整张开或关闭的角度，从而调控室内外气流的流通方向[15]（图 5-34）。

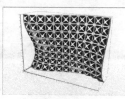

图 5-34　空气花朵［Air Flow（er）］原型装置

2012 年，詹森·凯利·约翰逊（Jason Kelly Johnson）在华盛顿西雅图设计的全尺寸互动装置原型"卷云感应表皮（Cirriform Responsive Facade）"，是通过 Firefly 和 Grasshopper 从许多设计可能性中迭代而成的，建立了虚拟与现实的连接。当参观者走向这个立面装置时，他们的接近会触发数百个小型发光水晶组件的旋转。Firefly 首先被连接到接近传感器，以模拟行人点吸引器，因为他们在现场移动[16]（图 5-35）。这个项目以 Grasshopper 和 Firefly 之间建立的交互原型环境（IPE）作为工具，以传感器、LED 灯和小型步进电击作为装置材料，探索项目从概念到模拟、制造和交互设计，实现与人的行为产生交互的物理原型。

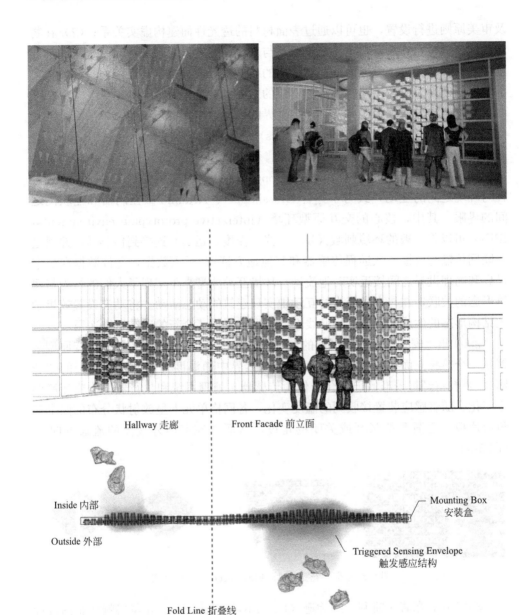

图 5-35　卷云感应表皮（Cirriform Responsive Facade）装置

　　通过结构网格布置与动态装置的结合，可以实现非线性结构形态与环境互动的目标。虚拟与现实的互动将是非线性结构形态未来发展趋势之一，建筑师将目光更多地投向建立建筑系统、空间与景观之间的互动与连接。

5.4 本章小结

非线性结构形态系统在与环境相互作用中维持其生存状态，与此同时，环境因素对于非线性结构形态具有积极的塑造作用。

本章在适应维生理论与方法的基础上，运用参数化设计手段重新演绎经典逆吊找形法，建立起非线性结构形态生成与环境适应之间调控的关系。首先，从早期的物理逆吊法中抽离出结构逆吊找形法的结构生形原理，即在重力作用下的纯受压结构具有零弯矩的特点。然后，从发展中的数值逆吊法中提取结构模型建构方式，即影响结构形态的参数。其次，利用参数化设计平台及物理力学插件建构参数逆吊法模型，即 BSGLM 模型。该模型中的五个设计参变量（边界条件、支承方式、网格布置、荷载条件与材料属性）与环境直接作用，一方面可以从建筑环境中提取出设计参数，另一方面可以根据对参数的调控更好地适应环境。最后，分别从适应环境的空间性能、物理性能与美学性能三个维度，分析参数逆吊法对参数的调控能力，以及在适应环境过程中的结构多样化创新的潜力。

参数逆吊法具有重要的实践意义。一方面，拓展了经典逆吊法的应用价值；另一方面，在结构性能的基础上建立起环境与设计之间的关系，将环境性能、结构性能与结构形态丰富化完美连接起来。

5.5 参考文献

[1] 武岳，李欣，王敬烨，沈世钊. 自由曲面空间结构的形态学研究 [C]. 北京：第十二届空间结构学术会议论文集，2008：475-480.

[2] 斋藤公男. 空间结构的发展与展望：空间结构设计的过去·现在·未来 [M]. 季小莲，徐华，译. 北京：中国建筑工业出版社，2013.

[3] CHILTON J. Heinz Isler：the engineer's contribution to contemporary architecture [M]. London：Thomas Telford Ltd.，2000.

[4] 温菲尔德·奈丁格等. 轻型建筑与自然设计——弗雷·奥托作品全集 [G]. 柳美玉，杨璐，译. 北京：中国建筑工业出版社. 2010.

[5] 武岳，李清朋. 逆吊实验法及其在结构形态创建中的应用 [C]. 福州：第十四届空间结构学术会议论文集，2012：500-505.

[6] VIZOTTO I. Computational generation of free-form shells in architectural design and civil engineering [J]，Automation in construction，2010，19（8）：1087-1105.

[7] CUI C Y, YAN H, An advanced structural morphosis technique：extended evolutionary structural optimization method and its engineering applications [J]，China civil engineering

journal，2006，39（10）：42-47.

[8] LI X，WU Y，CUI C Y，NURBS-GM method for computational morphogenesis of free form structures [J]．China civil engineering journal，2011，44（10）：60-66.

[9] WU Y，LI X，CAO Z G，Computational morphogenesis method of curve-generated free form structures [J]．Journal of building structures，2012，33（5）：23-30.

[10] WU Y，LI Q P，SHEN S Z，Computational morphogenesis method for space structures based on principle of inverse hanging experiment [J]．Journal of building structures，2014，35（5）：41-48.

[11] 胡越，顾永辉，游亚鹏，曹阳，于春晖，孟峙，缪波，冯婧萱，吕超，刘全，喻凡石，项曦，刘亚东，杨剑雷．杭州奥体中心体育游泳馆 [J]．城市环境设计，2012（2）：238-239.

[12] 游亚鹏，杨剑雷．"参数化实现"设计的一个建筑实例——杭州奥体中心体育游泳馆 [J]．城市环境设计，2012（2）：240-251.

[13] POTTMANN H. Architectural geometry as design knowledge [J]．Architectural design，2010（4）：72-77.

[14] 袁烽．从图解思维到数字建造 [M]．上海：同济大学出版社，2016：307.

[15] PAYNE A O，JOHNSON J K. Firefly：Interactive prototypes for architectural design [J]．Architectural design，2013（2）：144-147.

[16] JOHNSON J K，GATTEGNO N. Experiments in live modeling [J]．Praxis 13：Ecologics，2011（12）：45-47.

5.6　图片来源

图 5-1：武岳，李欣，王敬烨，沈世钊．自由曲面空间结构的形态学研究 [C] //．第十二届空间结构学术会议论文集，2008：475-480.

图 5-3：ADRIAENSSENS S，BLOCK P，VEENENDAAL D，WILLIAMS C. Shell structures for architecture：form finding and optimization [G]．London：Routledge，2014：249.

图 5-4、图 5-5：OTTO F，RASCH B. Finding form：towards an architecture of the minimal [M]．3rd ed. Berlin：Edition Axel Menges，1996.

图 5-6，图 5-7：武岳，李清朋．逆吊实验法及其在结构形态创建中的应用 [C]．第十四届空间结构学术会议论文集，2012：500-505.

图 5-9：https：//www. rhino3d. com/

图 5-13（a）：温菲尔德·奈丁格，等．轻型建筑与自然设计——弗雷·奥托作品全集 [G]．柳美玉，杨璐，译．北京：中国建筑工业出版社．2010.

图 5-14（a）：胡越，顾永辉，游亚鹏，曹阳，于春晖，孟峙，缪波，冯婧萱，吕超，刘全，喻凡石，项曦，刘亚东，杨剑雷．杭州奥体中心体育游泳馆 [J]．城市环境设计，2012（Z2）：238-239.

图 5-20：温菲尔德·奈丁格，等．轻型建筑与自然设计——弗雷·奥托作品全集 [G]．柳美

玉，杨璐，译．北京：中国建筑工业出版社．2010.

图 5-21：POTTMANN H. Architectural geometry as design knowledge ［J］．Architectural design，2010（4）：72-77.

图 5-24、图 5-25：袁烽．从图解思维到数字建造［M］．上海：同济大学出版社，2016：307.

图 5-26：Utopian Proposals：Cities in Spaceship Earth ［J］．AV Monographs，2010（143）：18-19.

图 5-27：OTTO F，RASCH B. Finding form：towards an architecture of the minimal ［M］．3rd ed. Berlin：Edition Axel Menges，1996：120.

图 5-28：OTTO F，RASCH B. Finding form：towards an architecture of the minimal ［M］．3rd ed. Berlin：Edition Axel Menges，1996：174.

图 5-29：https：//zhuanlan. zhihu. com/p/518105145

图 5-34、图 5-35：PAYNE A O，JOHNSON J K. Firefly：interactive prototypes for architectural design ［J］．Architectural design，2013（2）：144-147.

▪ 结　论 ▪

面对数字化建筑设计与建造技术的共同挑战,大跨建筑设计问题显得更为突出。结构性能合理性与建筑表现力相融合的结构形态创新成为大跨建筑设计的核心问题。本书从复杂性科学与结构形态学研究的学科源头出发,探寻数字化设计下大跨建筑非线性结构形态设计的本质和方法,提炼出大跨建筑非线性结构形态系统的三个层次,以及各层次的具体要素,并通过复杂性思维、数字技术协同与建筑设计伦理三个层面的深层关联建构非线性结构形态理论框架,进而提出大跨建筑非线性结构形态的三个生成策略,为当前大跨建筑设计与发展提供有效的借鉴。

本书从结构形态学的理论源头出发,引入复杂性科学及方法,搭建理论研究基础,并提出大跨建筑非线性结构形态的理论框架及设计策略,以指导结构与建筑相融合的数字化大跨建筑理论研究与创作实践。

本书的创新性成果可归纳为以下几点:

(1) 建构了基于复杂性科学的非线性结构形态理论研究框架。非线性结构形态是一个系统的、有生命力的、与环境交互的复杂系统。通过对大跨建筑设计思维的复杂整合、大跨建筑设计手段的数字协同与大跨建筑设计伦理的至善至美三个层次的深层关联,得出系统整合的非线性结构形态理论框架,作为其设计创新的理论平台。

(2) 提出了单元繁衍、材料拓扑、参数逆吊三种非线性结构形态生成途径。依据复杂系统三个特性,结合复杂性科学中的涌现生成理论、遗传进化理论与适应维生理论分别提出非线性结构形态的单元繁衍策略、材料拓扑策略及参数逆吊策略,为非线性结构形态的创新提供全新的视阈及可操作的设计方法。

(3) 建构了大跨建筑设计中非线性结构形态找形的 BSGLM 模型。以经典物理逆吊法原理为基础,运用参数化设计方法建构以抵抗重力为核心的结合大跨建筑设计参数与环境因素的参数逆吊模型,激发环境对结构形态塑形的潜力,为建筑师提供可实际应用的参数化模型。

本书的研究采用了将相对成熟的结构形态学与全新的数字化设计范式相结合的新型研究思路,设计范围广泛,学科交叉跨度较大,还有很多需要进一步研究和探讨的学术问题,需要在接下来的研究中继续探索和拓展:

(1) 本书所建构的非线性结构形态理论框架将随着复杂性科学与数字技术的继续发展而更新。由于复杂性科学与数字技术的研究与应用仍然处于起步阶段,本书的研究属于前瞻性的研究,难免会由于对新兴学科理解的不够透彻而造成片面的解读,因此,将不断积累该领域的新理论与技术知识以对该书进行更加深入而全面的研究。

（2）本书所建构的非线性结构形态生成的参数逆吊模型，具有极大的实际工程应用价值，需要在今后研究工作中对其技术参数进行具体计算分析，推进其实际应用进程。

（3）结构形态与仿生学具有孪生关系，在数字技术的支撑下，非线性结构形态与自然生物形态建立了更加深刻的技术链接，将是未来结构形态学发展的前沿性领域，通过对生物形态的深层次认知创造出具有高性能化的结构形态。